图说
家装水电设计

姜坤 编　　第2版

中国电力出版社
www.cepp.sgcc.com.cn

内 容 提 要

　　本书包括智能家居系统、水电设计案例和常用点位尺寸速查三部分内容，主要以图例的形式剖析了家装水电设计的位置要点，详细说明最新的水电位置及相关知识。通过对每个空间的分类解析，使家装设计师和装修业主能够快速掌握家装水电设计的难点和要点。

　　本书可供家装设计、施工、安装、监理人员及大专院校相关专业师生使用，也适用于广大装修业主参考使用。

图书在版编目（CIP）数据

图说家装水电设计 / 姜坤编 . — 2 版 . — 北京 : 中国电力出版社，2017.4
ISBN 978-7-5198-0463-3

Ⅰ . ①图… Ⅱ . ①姜… Ⅲ . ①住宅－室内装修－给排水系统－建筑设计－图解
②住宅－室内装修－电气设备－建筑设计－图解 Ⅳ . ① TU821-64 ② TU85-64

中国版本图书馆 CIP 数据核字 (2017) 第 044940 号

出版发行：中国电力出版社
地　　址：北京市东城区北京站西街 19 号（邮政编码 100005）
网　　址：http://www.cepp.sgcc.com.cn
责任编辑：周　娟　葛岩明
责任校对：李　楠
责任印制：单　玲

印　　刷：北京博图彩色印刷有限公司
版　　次：2017 年 4 月第 2 版
印　　次：2017 年 4 月北京第 3 次印刷
开　　本：710mm×1000mm　16 开本
印　　张：11.25
字　　数：232 千字
定　　价：48.00 元

本书顾问

李朝阳　李宏毅　杨　琳　邢贵波

宋　昕　朱　毅　汪建松　张　静

牛登山　侯君婷

Foreword / 第 2 版前言

本书第 1 版全面系统地介绍了家居水电设计的基本知识，以家居功能空间来分类讲述。书中收录了多个优秀水电设计方案，每个案例配以详细的施工图纸，读者可以迅速掌握水电设计的难点和要点。第 1 版出版以来，受到了广大读者的好评。

本书第 2 版增加了智能家居的内容，以 CAD 图例形式表现智能家装水电设计的要点，结合作者从事家装设计二十年来丰富的实践经验，把参与制定装修装饰工程验收标准的细节用最简洁的图例呈现出来，详细说明最新智能家居的水电位置及相关知识，为健康和谐家居设计提供了充足的实际案例。智能家居的精装水电位置布局是为用户提供一个舒适、安全、方便和高效的生活环境，配套产品以实用为核心，以易用、个性化为方向。

本书通过对每个居住空间用途分类解析，使家装设计师能够更好地将理论与实践相结合，并提供简单清晰的设计思路。本书力求做到既有理论上的系统性和指导性，也有实践经验的总结，这些都是设计的技巧，可以让您的房间功能更加完善，随时享受设计带来的便利。本书参考了北京市地方标准《居住建筑装修装饰工程质量验收标准》（DB11/T 1076—2014），还有国家标准《住宅建筑装饰工程施工规范》（GB 50327），《建筑装饰装修工程质量验收规范》（GB 50210）。

本书可供家装设计、施工、安装、监理人员及大专院校相关专业师生使用，也适用于广大装修业主参考使用。

编 者

Foreword / 第1版前言

　　本书旨在系统地帮助读者学习家居水电设计知识，以家居功能空间来分类讲述，每个案例配以详细的施工图纸，读者可以迅速抓住阅读重点和要点，清晰且系统地了解到水电施工位置和技巧，即使是装修新手也能一学就会，即学即用。

　　本书收录了多个优秀水电设计方案，在编写过程中力求严谨，针对每个部分的内容作深入的分析和说明，期待成为读者的随身手册，可以随时查阅需要了解的水电施工及点位知识。希望通过本书，为家装设计师、广大家装爱好者提供一个交流和学习的平台。

　　本书在编写过程中得到了清华大学李朝阳、汪建松、周浩明教授的指点，以及我的客户王云峰先生和杨洁女士给予的大力支持，在此表示感谢！

编　者

Contents / 目录

第一部分

智能家居系统

科技改变家居生活，拿起手机轻轻一按，热水器已经提前启动，为您舒舒服服地冲个热水澡做好准备；空调已按照您的指令自动打开，一进家门就是一个清凉的世界，舒适宜人。一身清爽之后，拿起手机，随心操控各类家电设备，躺在床上即可遥控灯光，让环境变得温馨自然，远离一天的喧闹与嘈杂，享受属于自己的静谧空间。入睡之前，窗帘在手机的指令下徐徐拉上，带着甜蜜的笑容准备迎接新的一天。随着家居智能化系统的不断完善，家中布满网线的情形不会再有了，家里安装一套智能家居系统就可解决全部问题。智能家居已经不再是一个概念，而是生活中切切实实可以享受到的高科技带来的便利生活体验。

智能家居的基本目标是为用户提供一个舒适、安全、方便和高效的生活环境，配套产品以实用为核心，以易用、个性化为方向，而且安全可靠。设计智能家居系统时，根据用户对智能家居的需求，为客户提供实用的功能配置。智能家居的配套产品可以采用弱电技术，使产品处于低电压、低电流的工作状态，即使各智能化子系统在24h运转，也可以保障产品的寿命和安全性。智能家居系统采用通信应答、定时自检、环境监控、程序备份等相结合的方式，达成系统运行的可执行、可评估、可报警功能，保障系统的可靠性。智能家居系统可分为总线式布线、无线通信或混合式三种安装方式。其中无线通信智能家居的安装、调试、维护和更换最为简单。无线通信智能家居系统所有配套产品采用无线通信模式，安装、添加产品时，不需要布置实体线，即不影响现有装修。

1. 新风系统

新风系统可以24h不间断地清除室内有害气体，排出室内污浊空气，从室外引进经过净化处理的新鲜空气，保持室内环境空气的自然、清新、干净，从而使居室空间达到节能和环保。新风系统由风机、进风口、排风口及各种管道和接头组成。安装在吊顶内的风机通过管道与一系列的排风口相连，风机启动时，将室内受污染的空气经排风口及风机排往室外，使室内形成负压，室外的新鲜空气经安装在窗框上方（窗框与墙体之间）的进风口进入室内，从而使室内人员可呼吸到高品质的新鲜空气，同时避免开窗通风带来的噪声和冷热消耗。随着家居智能化发展，新风系统将逐渐成为智能家居应用的主要安防设备之一。

新风系统主要有两种形式：

（1）单流向系统。

强制排风，自然进风。风机从排风口把不清洁空气排到室外，室内外空气产生压力差，室外空气会从进风口被吸进来补充减少的空气，从而达到室内外气压平衡。

（2）双流向系统。

强制排风，强制送风。比单流向系统增加了一套送风系统，空气流入不再单纯靠气压差，进出风都由机械设备完成，人们日常所说的新风系统，多指双流向系统。

2. 地暖系统

地暖是地板辐射采暖，整个地面为散热体，利用地面自身的蓄热和热能向上辐射的规律由下至上进行传导。它分为水地暖和电地暖两种形式。在北方采用水地暖较多，舒适度比较高，卫生环保，而且使用水地暖的费用更节省一些。

3. 空调系统

空调即空调调节器，主要指家庭中央空调，是一种用于空间区域提供处理空气温度变化的机器。它的功能是对该房间空气的温度、湿度、洁净度和空气流速等参数进行调节，以满足人体舒适或工艺过程的要求，大多采用液晶控制面板。

4. 灯光系统

实现对全宅灯光的智能管理，可以用遥控器等多种智能控制方式实现对全宅灯光的遥控开关调光，全开全关及"会客、影院"等多种一键式灯光场景效果的实现，并可用定时控制、电话远程控制、电脑本地及互联网远程控制等多种控制方式实现其功能，从而达到智能照明应具有的节能、环保、舒适、方便功能，营造舒适优雅的环境氛围，衬托居住者的艺术修养。

5. 窗帘系统

大家都知道窗帘是居室装饰的重要组成部分，是一个家必不可少的降噪声和保护隐私的物品，还可以通过款式、颜色的选择，在家居装饰中起到画龙点睛的作用。

每天早起拉开窗帘、打开窗户呼吸下新鲜空气，是一件很舒服的事情，但是对于大落地窗的窗帘，由于窗帘较大，打开时会比较吃力，智能窗帘会很好地解决这个问题，智能窗帘是指带有一定自我反应、调节、控制功能的窗帘。可以根据室内环境状况自动调节光线强度、空气湿度、平衡室温等，有智能光控、智能雨控和智能风控三大特性。

智能光控可以通过光照传感器将信号发送到控制台，通过科学分析，做出合理的判断，通过控制器控制直流电机对窗帘进行开合。

智能风控是当风控传感器测量到的风速大于某个设定值，且风吹往窗户内，就自动把窗帘拉上。

智能雨控在外墙安置一个雨漏斗，当雨漏斗中的压力传感器，测量水压大小，压力传感器会把信号发送到中央控制器，中央控制器做出相应的判断并发送指令。

智能窗帘还可以通过设置时间，早晨的时候自动打开窗帘，晚上会自动关闭。当晚上回不了家的时候，可以通过远程控制系统，关闭家里的窗帘，再打开灯造成一种家里有人的假象，可以很好地保护家里的财产安全。窗帘系统是智能家居的一部分，窗帘是可以远程控制、场景控制和智能光感控制。远程控制即通过手机或电脑控制。场景控制是指设定好日常的生活场景后，只要点击什么场景，窗帘就会处于什么状态。光感控制是与光感应器关联，设定光感数值，当大于这个值时，窗帘自动关闭；当小于这个值时，窗帘自动打开。

6. 智能报警系统

智能报警系统分为防盗报警、危险报警和紧急救助系统。

防盗报警系统：这个系统是为防止陌生人入侵而设计的。当防盗报警系统处于开启状态时，红外线电子围墙处于工作状态。这时如果有人在检测范围内活动，系统就会将收集到的画面发送到主人的手机上，主人可以在手机上开启视频查看。

危险报警系统：这个系统是为检测其他安全项目而设计的。它可以检测火灾、煤气泄漏等其他安全事项。如果有情况发生，系统就会将信息传送到主人的手机上，主人可根据情况进行排除。

紧急救助系统：这个系统的设计可以为家人带来百分百的安全，系统会24h实时保护家人安全。当家人遇到紧急情况时，系统会启动自动报警。

通过各种报警探测器、窗磁、门磁、玻璃破碎探测器、烟雾探测器、紧急按钮、燃气泄漏探测器、报警主机、摄像机、读卡器、门禁控制器、接警中心、其他安防设备为住宅提供入侵报警系统服务的一个综合系统。

入侵报警

当有人通过门或窗时，侦测到未经授权人闯入触发报警系统，该系统应在家里自动开启，同时录制视频，并进行声音报警向主人发送报警信息，图像和视频将发送到主人邮箱或智能手机中。如果智能社区系统完善，那么该系统还能够直接报警，与公安部门或报警运用商互动。

能源科技监控

监控水、电和天然气。当检测到有漏水、漏电、燃气泄漏等现象时，智能系统应能自行切断总开关，并通知用户及时处理。

消防安全

针对居住面积较大的别墅区，如客厅、厨房、娱乐室等属于公共区域，有必要安装烟雾报警器和一氧化碳级显示器。当检测到异常时，系统会自动通风，如果出现明火，系统会自动通知用户或有关消防部门。

紧急按钮

当儿童和老年人在家时，很容易发生突发事件，因此紧急按钮功能可方便通知家人处理应急事件，当然在浴室等密闭空间也有可能被反锁，理论上也可以安装紧急按钮。

7. 智能酒窖系统

通过智能控制系统进行恒温、恒湿、空气流通等控制，根据酒品需求把室内的温度控制在 13℃左右，湿度控制在 50% ~ 70%，这种环境最有利于保持酒的新鲜品质。安装风机可以保证整个酒窖内部气流通畅，送风均匀，冷风机的排风方向应尽可能朝向门，吸风方向应避开门。

8. 背景音乐系统

家庭背景音乐是在公共背景音乐的基本原理基础上结合家庭生活的特点发展而来的新型背景音乐系统。简单地说，就是在家庭任何一间房子里，比如花园、客厅、卧室、酒吧、厨房或卫生间，可以将 MP3、FM、DVD、电脑等多种音源进行系统组合，让每个房间都能听到美妙的背景音乐。

它主要起到净化家居环境：可以掩盖外界和内心的噪声；再就是营造幽静、浪漫、惬意、温馨的气氛，净化心灵、陶冶情操，也可使您的品位得以体现。智能背景音乐系统主要采用吸顶式音箱，它不占据空间，不怕油烟水气，并且和天花板融为一体，不但不影响装修的整体外观，也可起到很好的装饰作用。任何一间房子里，均可布置背景音乐线，通过一个或多个音源，可以让每个房间都能听到美妙的背景音乐。当然，如果有的房间不想听也完全可以，每间房都单独安装了控制器，可以独立控制每个房间的音乐开关，还可以调节音量大小。背景音乐可以让家里的每个房间都充满音乐，而且可以同时享受不同的音乐，比如您在客厅想看电视，而孩子在卧室想听英语或者老人在房间想听戏曲，背景音乐可以让这些同时实现。不想听的时候还可以在各自房间里随意关掉或调节音量或更换其他音乐，这是背景音乐系统与普通功放最本质的区别，也是背景音乐系统智能化的具体体现。喇叭有墙壁挂式和吸顶式两种安装方式。

9. 私人影院系统

私人影院系统是用专业材料搭建的影院系统，配合灯光、音视频、声场系统、投影幕布、投影机、有线电视、卫星电视、蓝光碟机、网络等一系列手段组合而成的独立空间，可以欣赏到影院级画面品质和卡拉 ok 般唱响体验。

10. 无线 Wifi 覆盖

无线网络由无线路由器、交换机、网线及弱电箱设备等组成。实际上是把有线信号转换成无线信号，使用无线路由器供支持其技术实现。对于较大房间，可以多点位安装无线路由器，以保证信号稳定良好。

智能建筑设计专家埃斯克里瓦诺说："智能建筑设计就是要让生活中使用最频繁的东西变

得更方便、离你更近。"

　　智能家居一直以家居行业的"高富帅"形象著称，功能强大，但价格也居高不下，普通家庭只能望而兴叹，想要实现在好莱坞大片中的梦幻生活遥不可及。不过，如今高高在上的智能家居开始走下神坛，放低身段，进入百姓家中，通过合理布线就能让百姓花少许的费用过上智能快捷、健康舒适的高品质生活。

　　家居弱电系统包括电话、电视、无线Wifi覆盖、家庭影院、新风系统、空调系统、窗帘系统、智能安防、智能酒窖系统、背景音乐系统远程遥控等。弱电系统的点位布局要功能性强，预留出未来需要的余量，最好是暗埋管线，最为美观，如果后期需要增加可以考虑无线安装。随着现代化生活的不断丰富，建议距离地面300mm处安装弱电箱，便于梳理线路，满足使用需求，弱电箱内必须增加电源插座，以保证设备的正常运作。弱电系统较为复杂，建议按功能安装弱电箱，或者条件允许的情况下设置弱电间。在施工过程中强弱电的暗盒平行距离保持在500mm以上为宜，强弱电线交叉时尽量排成直角，一般布线时大部分采用PVC管，有特殊需要时可采用镀锌钢管，屏蔽效果更好些。

第二部分

水电设计案例

标准户型客厅

一、电路安装位置及施工要点

1. 照明

开关：应安装在距地 1300mm 的高度，采用双开单控面板。

顶灯：应安装在房间居中位置。

壁灯：应先确定沙发的尺寸和位置，安装在距沙发外沿两侧 100mm、距地 1800mm 高度的位置。

射灯：可安装在吊顶里，灯具和灯光角度可调，优先选用 LED 射灯。因传统射灯热量较高，长时间使用有安全隐患，如果使用，射灯功率不宜超过 35W。

2. 强电

插座：沙发两边的插座距离沙发外沿 100mm，距地高度 300mm，也可以距地 700mm 放在柜子上方。墙面可以加壁扇插座，距地 1800mm。

空调：预留两个空调插座，距离墙角的尺寸控制在 150mm 以内为宜，上方一个下方一个，这样空调挂机和空调柜机可以任你选用。上漆前打空调孔，如果其中一个孔洞不用，可以用空调盖板罩上，不再使用的孔洞用腻子封住再刷漆。如果条件允许，挂机空调孔最好打在空调机的正后方，安装后看不见管道非常美观。

3. 弱电

电视：先确定壁挂式电视机底座安装尺寸，根据电视机底座安装尺寸预留强电和弱电插座，安装在电视机下沿上方 100mm 处为宜。同时要预留网络插座，应与强电插座相距 500mm 以上。墙壁内暗管主要布置有线电视线。

网络：为了墙面美观和节省布线成本，网络线和电话线最好使用同一条线和面板，即网络电话面板。

电话：放在沙发旁边或电视柜旁边为宜，根据自家的实际情况，也可挂在墙面上。

音响：根据所选用设备可预留在墙面上，也可预留在吊顶里，中置一般放在电视机下面。

二、暖通安装位置及施工要点

暖气：适宜用高 1800mm 的暖气，这样可以节省房间的使用宽度。

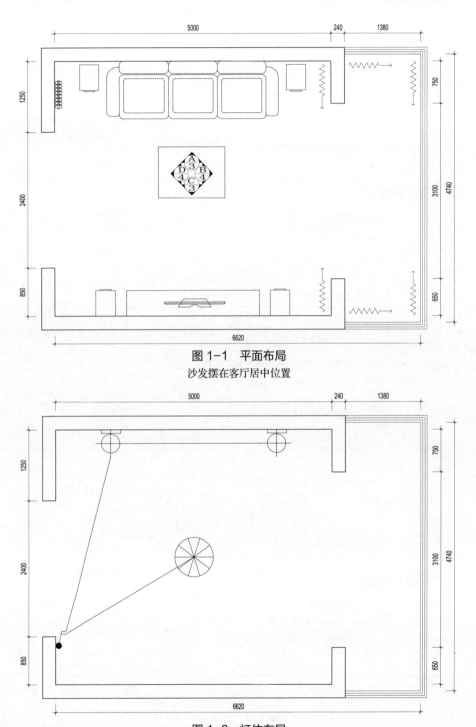

图 1-1　平面布局
沙发摆在客厅居中位置

图 1-2　灯位布局
主灯摆在客厅居中位置

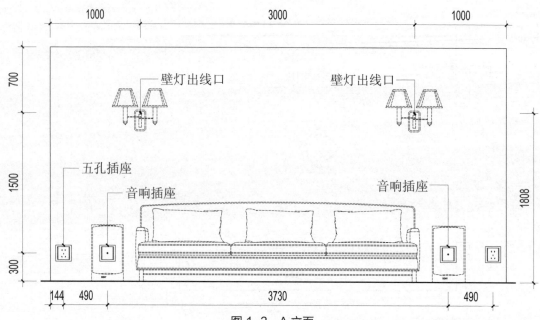

图 1-3　A 立面

音箱插座应安装在音箱的后面

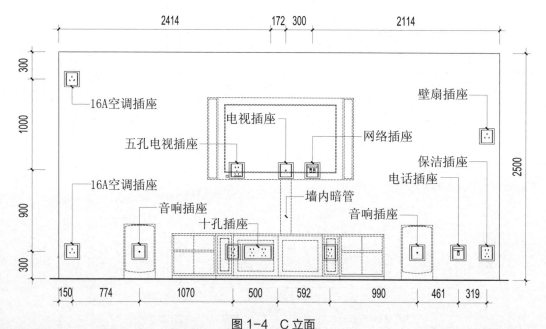

图 1-4　C 立面

壁挂电视插座、网络插座应安装在电视的后面

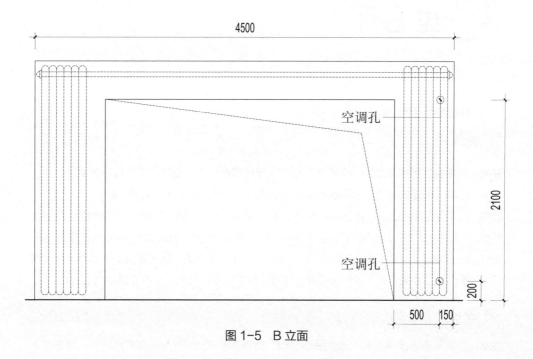

图 1-5　B 立面

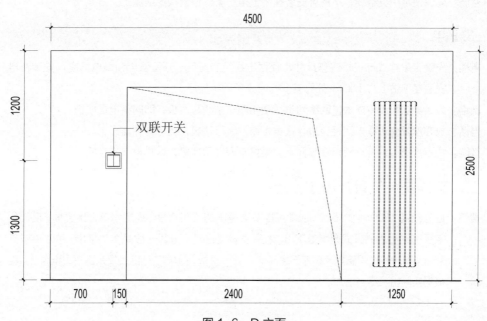

图 1-6　D 立面

开关安装在门边上

一、电路安装位置及施工要点

1. 照明

开关： 应安装在距地 1300mm 的高度，由于客厅灯具比较多，最好使用不超过三联的开关，这样方便工人接线。也可以考虑用智能插座，面板上带有 8 个单联开关。

顶灯： 应安装在房间居中位置，如果房间是异形空间结构，应安装在沙发与电视的居中位置。

壁灯： 安装时应先确定沙发的尺寸和位置，安装在距沙发外沿两侧 100mm、距地 1800mm 高度的位置。

射灯： 一般安装在吊顶里，也可以明装，灯具和灯光角度可调，优先选用 LED 射灯。因传统射灯热量较高，长时间使用有安全隐患，如果使用，射灯功率不宜超过 35W。

2. 强电

插座： 沙发两边的插座距离沙发外沿 100mm，距地高度 300mm，如果电器比较多，可选用十孔插座，这样避免墙面开洞过多而影响美观。投影幕插座如果有条件可以隐藏在吊顶里。

空调： 建议使用中央空调，插座可安装在吊顶里。具体位置按图纸施工。

3. 弱电

电视： 先确定壁挂式电视机底座尺寸，根据电视机底座尺寸预留强电和弱电插座，安装在电视底座下沿上方 100mm 处为宜。同时预留网络插座。

网络： 为了美观和节省成本，网络和电话使用同一条线和面板，即网络电话面板。

电话： 放在沙发旁边或电视柜旁边，根据自家的实际情况，也可挂在墙面上。

音响： 根据所选用设备可预留在墙面上，最好暗藏在吊顶里，这样更节省空间。

二、暖通安装位置及施工要点

暖气： 适宜用高 1800mm 的暖气，这样可以节省房间的使用宽度。确定水口进出方向，现代住宅暖气进出水的方式是下进下出，老房子暖气进出水方式一般是上进下出。单片供暖量 4.5m²，即房间面积除以 4.5 等于房间使用暖气片数，如果房间朝北或是窗户面积过大，应根据实际情况适当增加。

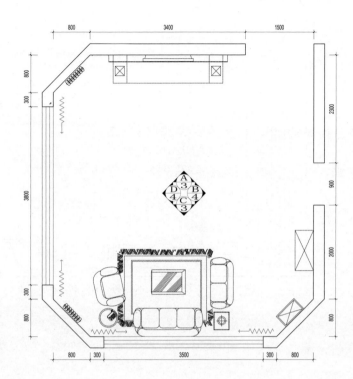

图 2-1　平面布局
沙发摆在客厅居中位置

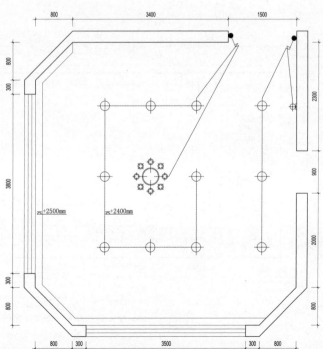

图 2-2　灯位布局
主灯摆在客厅居中位置

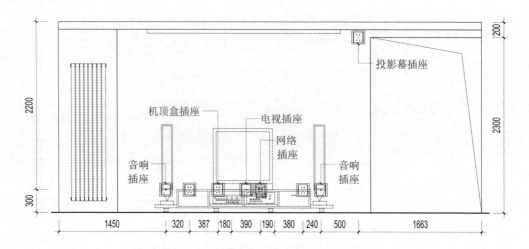

图2-3 A立面

壁挂式电视插座、网络插座、电源插座应安装在电视的后面

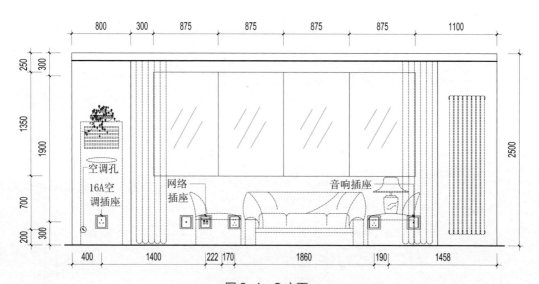

图2-4 C立面

网络、电话插座安装在沙发一侧沙发柜的后面

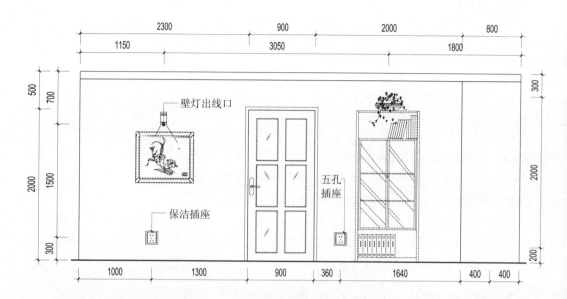

图 2-5　B 立面

五孔插座安装在距地面 300mm 的高度

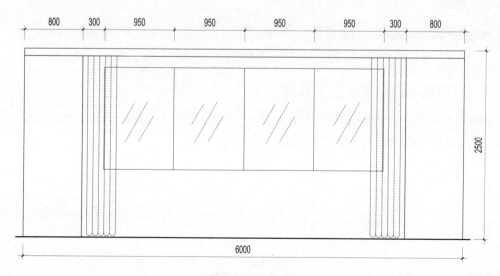

图 2-6　D 立面

餐 厅

一、电路安装位置及施工要点

1.照明

开关：应安装在距地 1300mm 的高度。

顶灯：应安装在房间居中位置，灯具下沿距地 1700mm 高度的位置。

壁灯：应安装在距地 1800mm 高度的位置。

射灯：一般安装在吊顶里，在顶灯旁边 200mm 的地方。这个射灯用来照射菜品，俗称打菜灯，可使菜色显得更加诱人。灯具和灯光角度可调，优先选用 LED 射灯，因传统射灯热量较高，长时间使用有安全隐患，如果使用，射灯功率不超过 35W。

2.强电

插座：距地高度 300mm，餐桌上方可增加一个插座，距餐桌台面 150mm 为宜。

空调：上方预留一个空调插座，上漆前打空调孔。

3.弱电

电视：先确定壁挂式电视机底座尺寸，根据电视机底座尺寸，强电和弱电插座安装在电视底座下沿上方 100mm 处为宜，同时在电视机后面预留网络插座。

二、暖通安装位置及施工要点

暖气：适宜用高 1800mm 的暖气，这样可以节省房间的使用宽度，也可以考虑采用装饰性较强的艺术造型暖气，起到空间画龙点睛的作用。

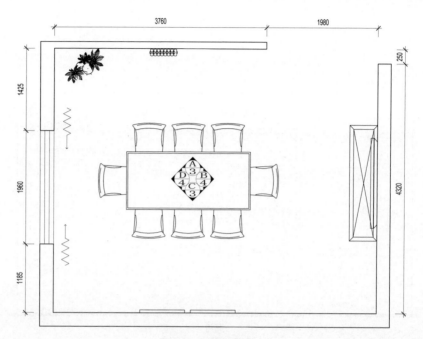

图 3-1　平面布局

餐桌放在房间居中位置

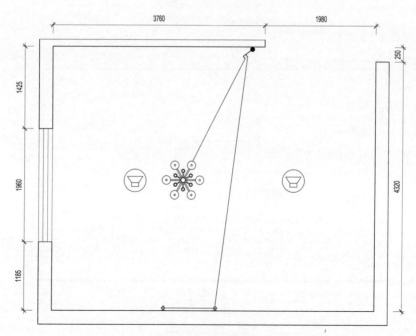

图 3-2　灯位布局

主灯安装在餐桌的居中位置

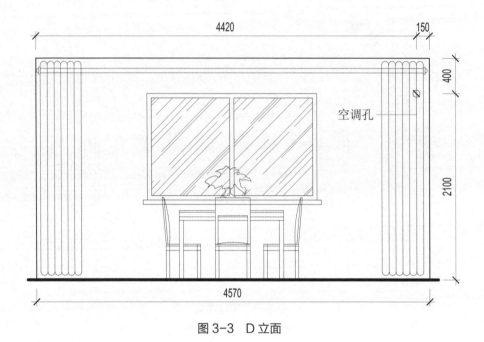

图 3-3 D 立面

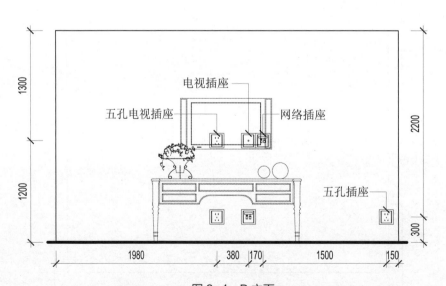

图 3-4 B 立面

壁挂电视插座、网络插座安装在壁挂电视的后面

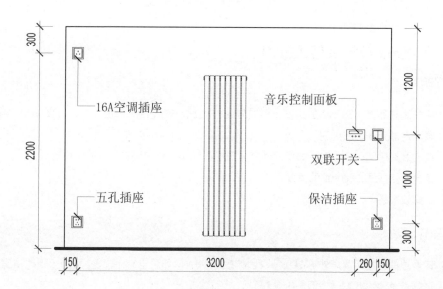

图 3-5　A 立面

音乐控制面板安装在开关的旁边

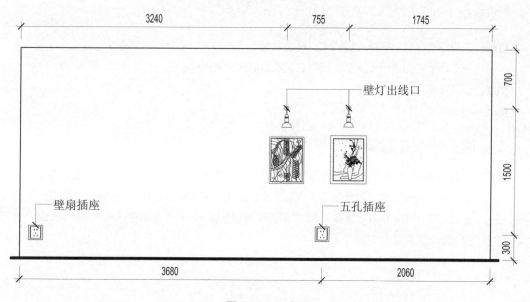

图 3-6　C 立面

主卧室

一、电路安装位置及施工要点

1. 照明

开关：应安装在距地 1300mm 的高度，可以做双控处理，安装在床头柜上方，方便使用，如果能用调光开关就更完美了。

顶灯：应安装在房间居中位置，如果房间是异形空间结构，应安装在相对居中位置。

壁灯：距地面完成面 1800mm 的位置。

射灯：不建议安装。

2. 强电

插座：床两边的插座距离床外沿 100mm，距地高度 300mm，如果电器比较多，可选用十孔插座，这样避免墙面开洞过多而影响美观。

空调：上方预留一个空调插座，上漆前打空调孔。

3. 弱电

电视：先确定壁挂式电视机底座尺寸，根据电视机底座尺寸，强电和弱电插座安装在电视底座下沿上方 100mm 处为宜。同时在电视机后面预留网络插座。

网络：预留插座。

电话：预留插座。

二、暖通安装位置及施工要点

暖气：适宜用高 1800mm 的暖气，这样可以节省房间的使用宽度，最好安装在床尾的位置。确定水口进出方向，现代住宅暖气进出水方式是下进下出，老房子暖气进出水方式一般是上进下出。单片供暖量 4.5m^2，即房间面积除以 4.5 等于房间使用暖气片数，如果房间朝北，应适当增加。

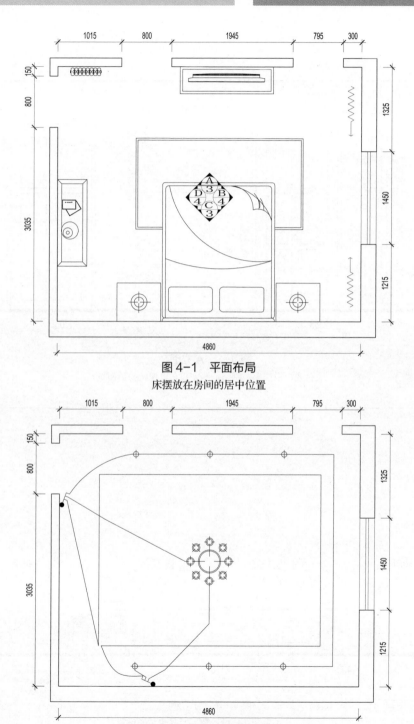

图4-1　平面布局

床摆放在房间的居中位置

图4-2　灯位布局

主灯安装在房间的居中位置

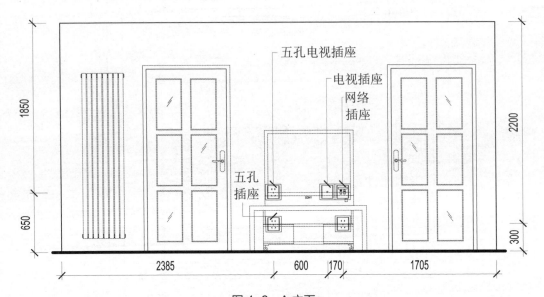

图 4-3 A 立面

台式电视插座、网络插座安装在电视柜的后面

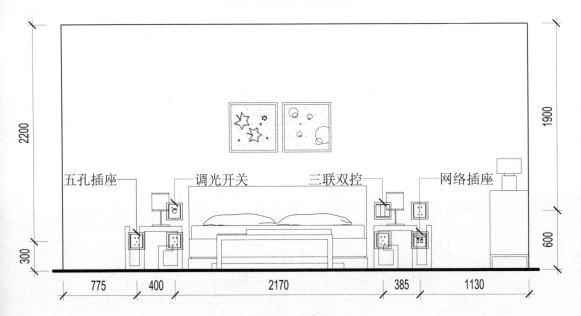

图 4-4 C 立面

调光开关安装在床的一侧，紧临床头的位置。

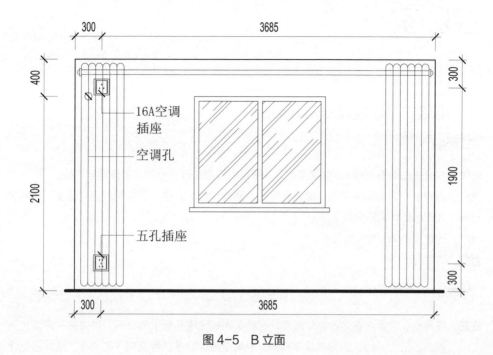

300　　　　　3685

400

16A空调
插座

空调孔

2100

五孔插座

300

1900

300

300　　　　　3685

图4-5　B立面

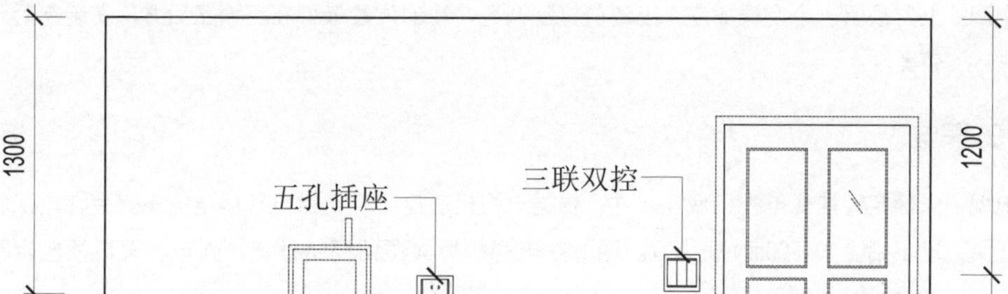

1300

五孔插座

三联双控

网络
插座

1200

1200

1000

300

340　　1250　　750　　440　200　　1000

图4-6　D立面
开关安装在门的一侧

客卧室

$12.9m^2$

一、电路安装位置及施工要点

1. 照明

开关：应安装在距地 1300mm 的高度，开关可以做双控处理，也可以考虑遥控面板。

顶灯：应安装在房间居中位置，如果房间是异形空间结构，应安装在相对居中位置，或安装几个小灯，进行分控处理。

壁灯：距地 1800mm 高度的位置。

射灯：可安装。

2. 强电

插座：插座安装位置可有 2 种布局形式，一种是安装在床头柜上沿，另一种安装在床两边距离床外沿 100mm，距地高度 300mm，如果电器比较多，可选用十孔插座，这样避免墙面开洞过多而影响美观。

空调：上方预留一个空调插座，上漆前打空调孔，孔的位置最好在空调正后方，安装完后比较美观。

3. 弱电

电视：先确定壁挂式电视机底座尺寸，根据电视机底座尺寸，强电和弱电插座安装在电视底座下沿上方 100mm 处为宜。同时在电视机后面预留网络插座，强电与弱电插座相距 300mm 以上为宜。

网络：预留插座。

电话：预留插座，距地 300mm 为宜。

二、暖通安装位置及施工要点

暖气：适宜用高 900mm 的暖气，这样可以节省房间的使用宽度。确定水口进出方向，现代住宅暖气进出水方式是下进下出，老房子暖气进出水方式一般是上进下出。单片供暖量 $4.5m^2$，即房间面积除以 4.5 等于房间使用暖气片数，如果房间朝北，应适当增加。

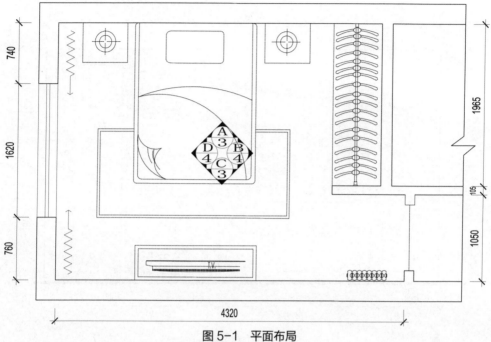

图 5-1　平面布局

床摆放在房间的居中位置

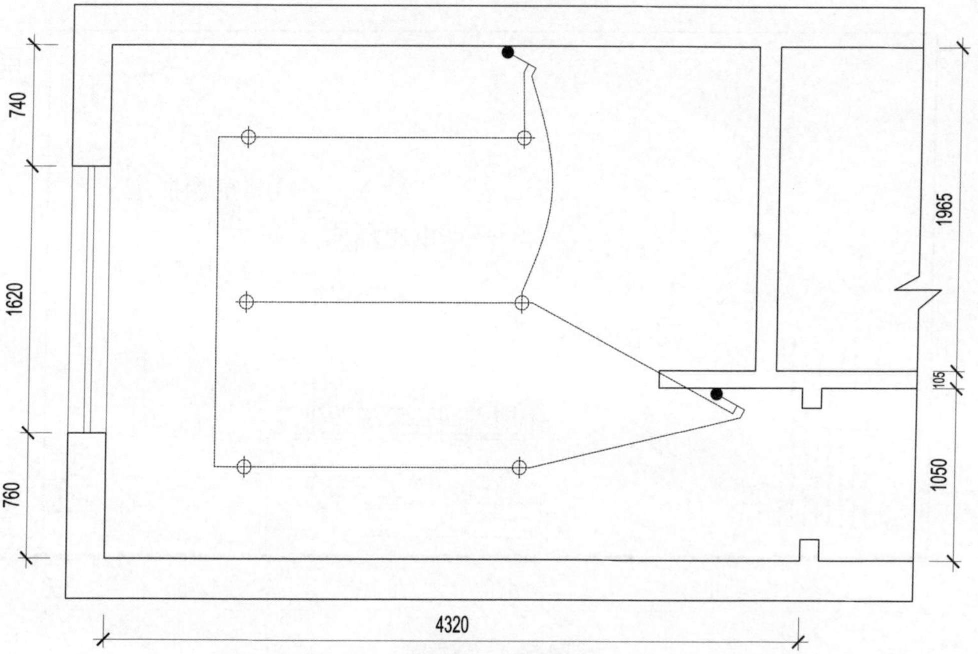

图 5-2　灯位布局

筒灯安装在卧室的四周

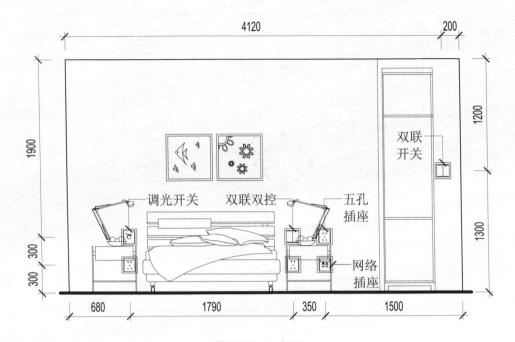

图 5-3　A 立面

调光开关安装在床的一侧

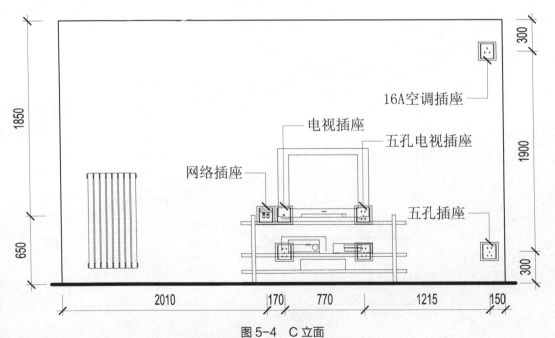

图 5-4　C 立面

台式电视插座、网络插座安装在电视柜的后面

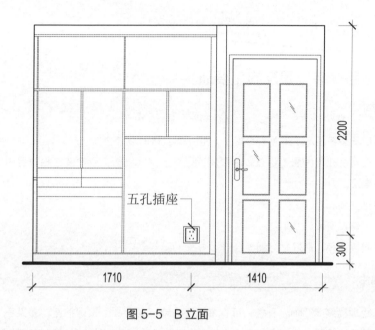

图 5-5　B 立面

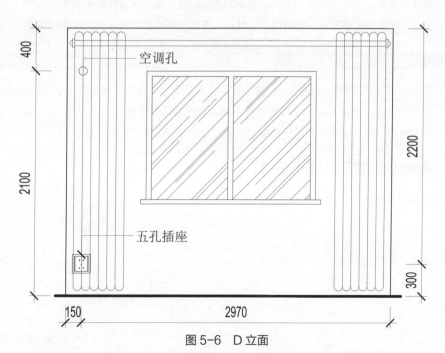

图 5-6　D 立面

书 房

一、电路安装位置及施工要点

1. 照明

开关： 应安装在距地 1300mm 的高度，距门边 100mm 以外为宜。

顶灯： 应安装在房间居中位置，如果房间是异形空间结构，应安装在相对居中位置，或是书桌正上方。

壁灯： 可安装。

射灯： 不建议安装。

台灯： 建议安装，最好是可调光台灯。

2. 强电

插座： 距地高度 300mm。有条件可在书桌下方或书桌台面上预留插座，如果不方便可在书桌的旁边预留，但一定是在人不经常走动的地方，避免给人行动时带来不便。

空调： 上方预留一个空调插座，上漆前打空调孔，应使空调吹的方向不要正对着使用者。

3. 弱电

电视： 先确定壁挂式电视机底座尺寸，根据电视机底座尺寸，强电和弱电插座安装在电视底座下沿上方 100mm 处为宜。同时在电视机后面预留网络插座。

网络： 如果有条件可在书桌下面预留插座。

二、暖通安装位置及施工要点

暖气： 适宜用高 900mm 的暖气，安装在窗户正下方为宜。

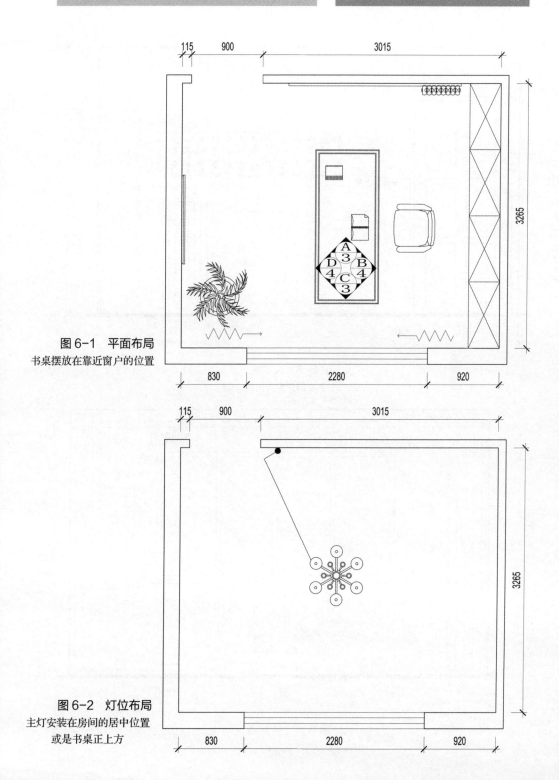

图 6-1　平面布局
书桌摆放在靠近窗户的位置

图 6-2　灯位布局
主灯安装在房间的居中位置
或是书桌正上方

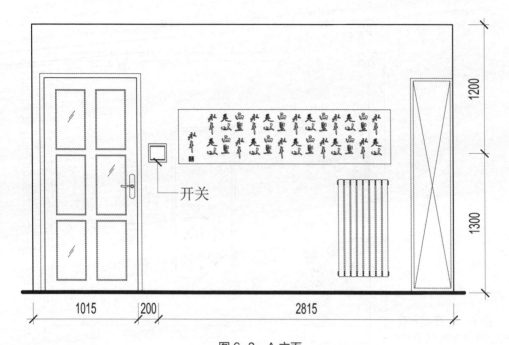

图6-3　A立面

开关安装在门开启方向的一侧

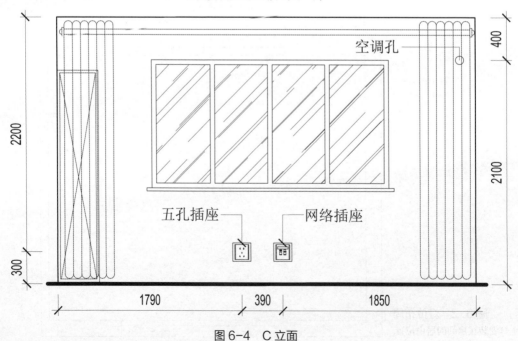

图6-4　C立面

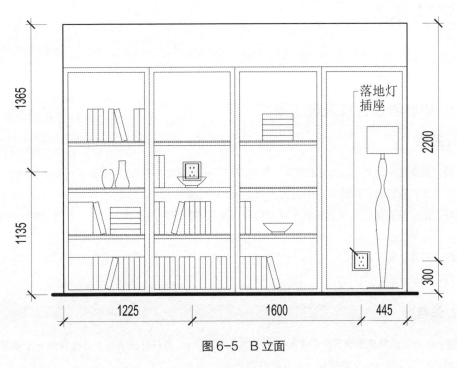

落地灯
插座

1365

1135

1225　　1600　　445

2200

300

图6-5　B立面

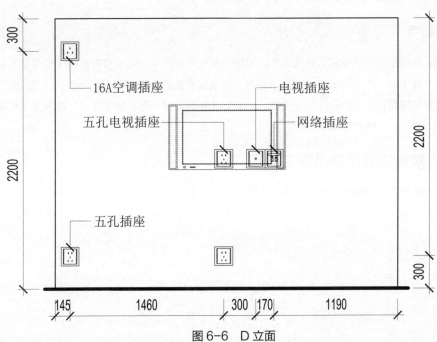

300

16A空调插座

五孔电视插座

电视插座

网络插座

五孔插座

2200

2200

300

145　　1460　　300　170　　1190

图6-6　D立面
壁挂电视插座、网络插座安装在壁挂电视的后面

老人房

一、电路安装位置及施工要点

1. 照明

开关： 应安装在距地1300mm的高度，使用双控开关和调光开关为宜，如果有行动不方便的老人，应安装在距地800mm左右为宜。

壁灯： 壁灯的安装应先确定床的尺寸和位置，安装在距床外沿两侧100mm、距地1800mm高度的位置。

射灯： 不建议安装。

夜灯： 建议安装。

2. 强电

插座： 床两边的插座距离床外沿100mm，距地高度300mm，最好在床头柜上方也安装一个插座。

空调： 上方预留一个空调插座，上漆前打空调孔。

3. 弱电

电视： 先确定壁挂式电视机底座尺寸，根据电视机底座尺寸，强电和弱电插座安装在电视底座下沿上方100mm处为宜。同时在电视机后面预留网络插座。

危险报警按钮： 也可用无线门铃代替，开关安装在老人伸手可及的地方，门铃放置于相关人员的房间即可。

二、暖通安装位置及施工要点

暖气： 适宜用高900mm的暖气，最好紧临床的位置安装。

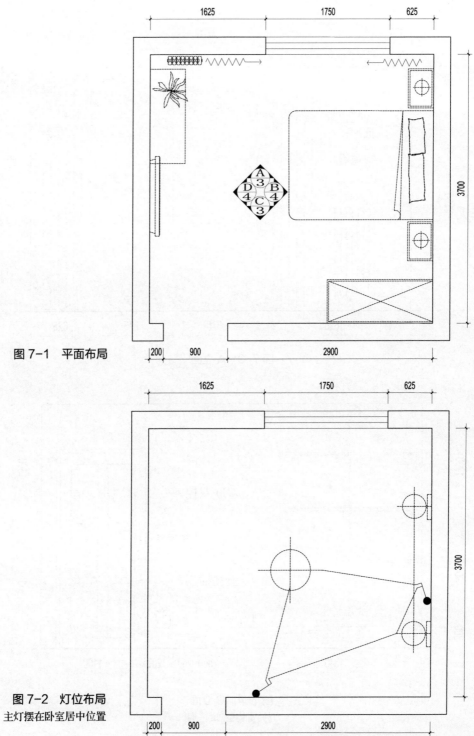

图 7-1　平面布局

图 7-2　灯位布局
主灯摆在卧室居中位置

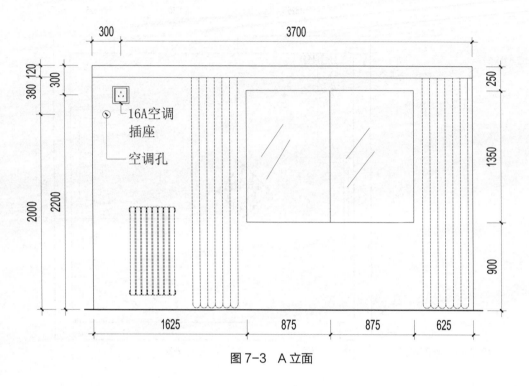

图 7-3　A 立面

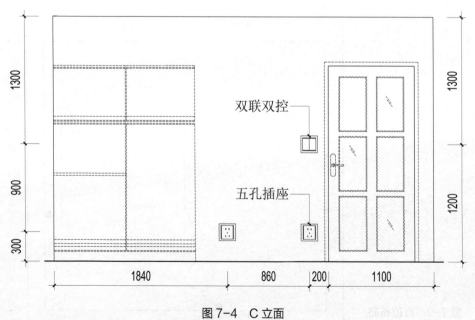

图 7-4　C 立面

开关安装在门的一侧

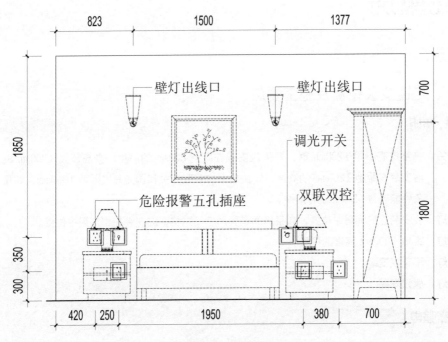

图 7-5　B 立面
调光开关、危险报警器安装在床的一侧

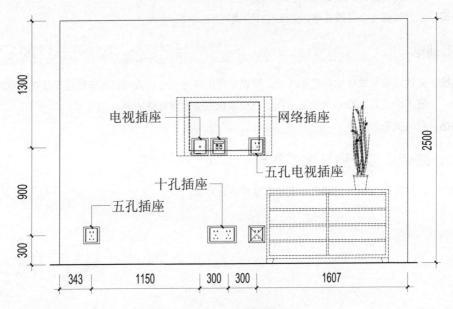

图 7-6　D 立面
壁挂电视插座、网络插座安装在电视的后边

儿童房

一、电路安装位置及施工要点

1. 照明

开关： 儿童身高不足 1200mm 时，开关应安装在距地 800mm 的高度；身高超过 1200mm 时，应安装在距地 1200mm 的高度，床头柜上方双联开关和调光开关距地 1050mm，如果有条件能安置 650mm 左右最好。

顶灯： 应安装在房间居中位置，如果房间是异形空间结构，应安装在相对居中位置。

壁灯： 距地 1800mm 高度的位置。

射灯： 不建议安装。

夜灯： 建议安装。

2. 强电

插座： 写字台下预留插座，写字台面上预留网络和电源插座，这样写字台可以靠墙。插座要用安全插座，床边要有灯泡调节开关。

空调： 上方预留一个空调插座，上漆前打空调孔。

3. 弱电

电视： 先确定壁挂式电视机底座尺寸，根据电视机底座尺寸，强电和弱电插座安装在电视底座下沿上方 100mm 处为宜。同时在电视机后面预留网络插座。

网络： 预留插座。

二、暖通安装位置及施工要点

暖气： 适宜用高 500mm 的暖气，安装在窗户下面为宜。

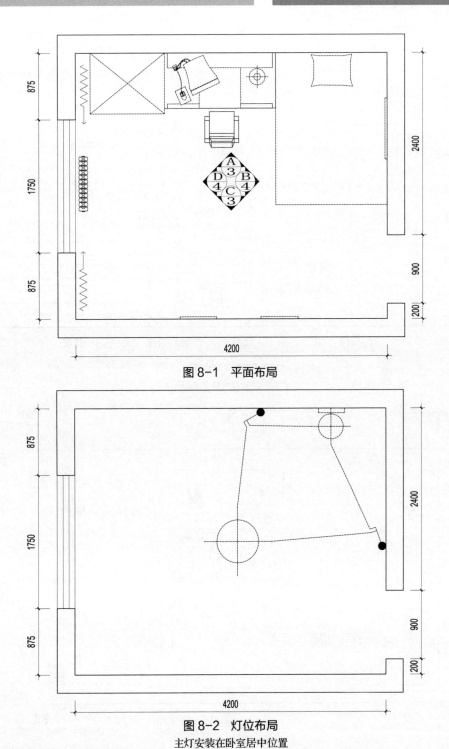

图 8-1　平面布局

图 8-2　灯位布局
主灯安装在卧室居中位置

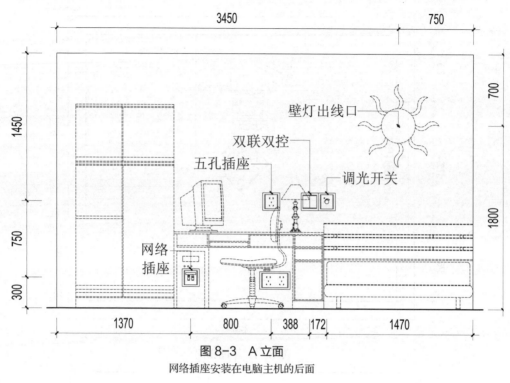

图 8-3　A 立面

网络插座安装在电脑主机的后面

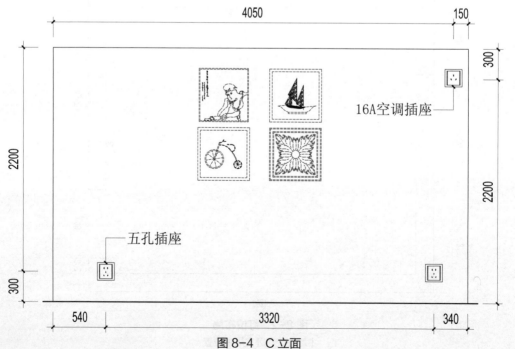

图 8-4　C 立面

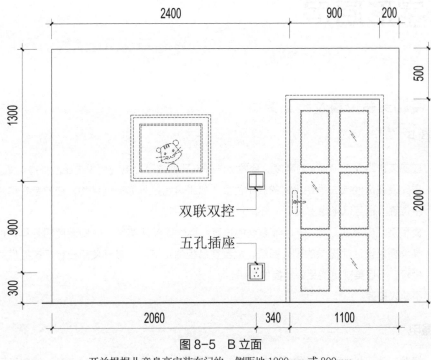

双联双控

五孔插座

图 8-5　B 立面

开关根据儿童身高安装在门的一侧距地 1200mm 或 800mm

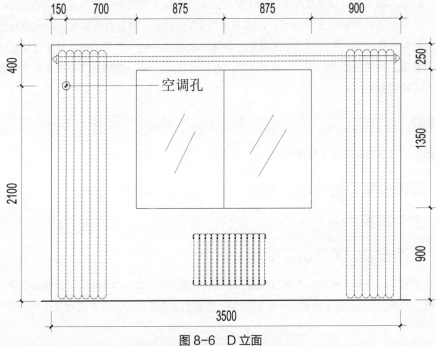

空调孔

图 8-6　D 立面

暖气建议安装在窗户正下居中位置

一字形厨房

一、电路安装位置及施工要点

1. 照明

开关：应安装在距地 1300mm 的高度。台面上一开五孔插座是控制地柜里电器的插座电源。

顶灯：应安装在房间减去吊柜尺寸的居中位置，如果房间是异形空间结构，应安装在相对居中位置。也可以考虑安装 2 个灯，分别安装开关控制。

壁灯：橱柜壁灯安装在距地 1350mm 高度的位置。操作区和洗菜区建议安装照明灯具，也可参考橱柜设计师提供的设计图纸，放置在吊柜的正下方，最好使用橱柜厂家提供的底板灯，不但美观也能更好地提供照明。

射灯：不建议安装。

2. 强电

插座：烤箱、洗碗机、洗衣机的插座最好安装在地柜里，地柜台面上方应有开关控制里面的插座。抽油烟机插座应在 2150mm 以上。进口灶具下方预留一个插座，距地 300mm。洗菜池下面要预留 3 个插座，也可装两个 10 孔插座，供食物粉碎机、净化水机、小厨宝等使用。一字形厨房电源插座主要集中在橱柜一侧。燃气报警器插座尽量靠近报警器。如果是集成灶具，电源插座预留在距地 300mm 处，烟管开孔也在下面的位置。

空调：不建议安装。

3. 弱电

背景音乐：可以根据需要选择安装。

二、暖通安装位置及施工要点

暖气：适宜用高 900mm 的暖气。

三、水路安装位置及施工要点

洗菜盆下方预留冷热水口距地 300mm，燃气热水器冷热水口距地 1200～1500mm，冷热水口间距 200mm。电热水器冷热水口距地 1200mm。洗碗机或洗衣机冷水口安装在旁边的柜子里。

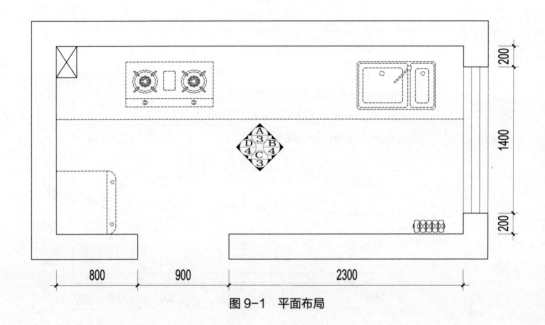

图 9-1　平面布局

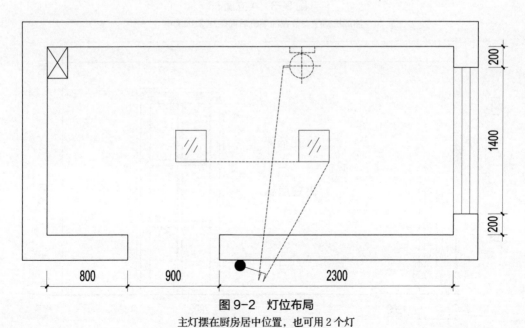

图 9-2　灯位布局

主灯摆在厨房居中位置，也可用 2 个灯

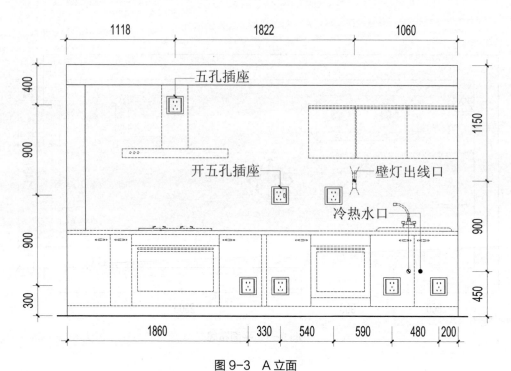

图9-3　A立面

油烟机插座安装在油烟机后面距地2100mm

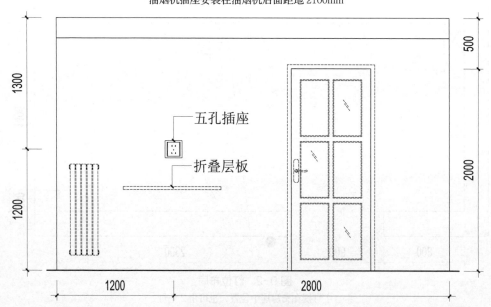

图9-4　C立面

折叠层板主要放置小型家电

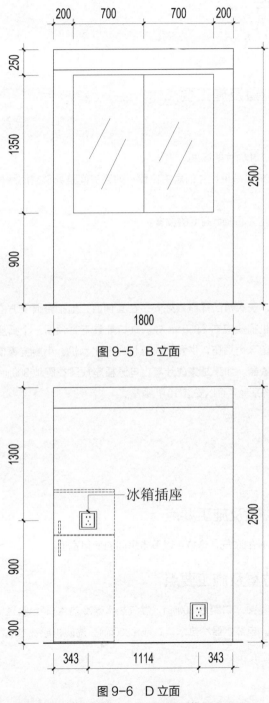

图 9-5　B 立面

图 9-6　D 立面

冰箱插座安装在冰箱后面，插座距地不能超过 1500mm

L 形厨房

一、电路安装位置及施工要点

1. 照明

开关：应安装在距地 1300mm 的高度。

顶灯：应安装在房间减去吊柜尺寸的居中位置，如果房间是异形空间结构，应安装在相对居中位置。

壁灯：壁灯安装在距地 1350mm 高度的位置。

射灯：不建议安装。

2. 强电

插座：烤箱、洗碗机、洗衣机的插座最好安装在其侧面，地柜台面上方应有开关控制下面的插座。抽油烟机插座应在 2150mm 处。进口灶具下方预留一个插座，距地 300mm。洗菜池下面要预留 3 个插座，供食物粉碎机、净化水机、小厨宝等使用。燃气报警器插座尽量靠近报警器。如果是集成灶具，电源插座预留在距地 300mm 处，烟管开孔也在下面的位置。洗菜池下可以安装 10 孔插座。

空调：不建议安装。

3. 弱电

电视：不建议安装。

二、暖通安装位置及施工要点

暖气：适宜用高 900mm 的暖气，这样可以节省房间的使用宽度。

三、水路安装位置及施工要点

　　洗菜盆下方预留冷热水口距地 300mm，燃气热水器冷热水口距地 1200～1500mm 之间，冷热水口间距 200mm。电热水器冷热水口距地 1200mm。洗碗机或洗衣机冷水口安装在旁边的柜子里。

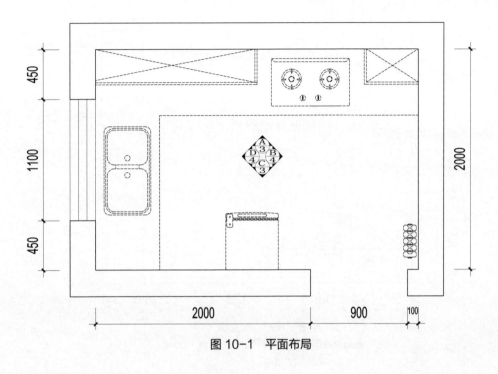

图 10-1　平面布局

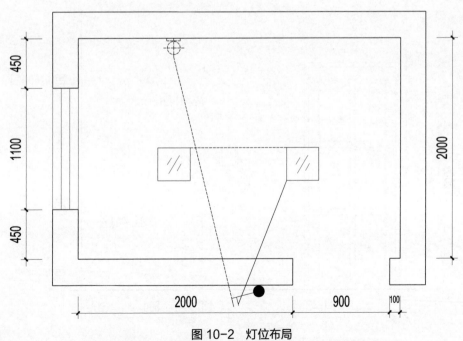

图 10-2　灯位布局
主灯安装在厨房居中位置，也可以考虑安装两个小灯平均分配的位置上

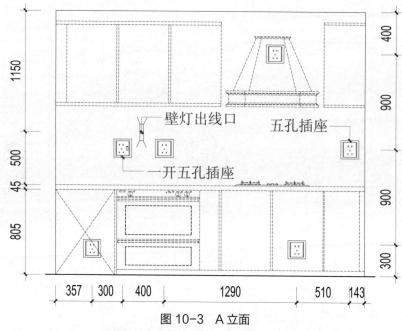

图 10-3 A 立面

油烟机插座安装在油烟机后面，距地 2100mm

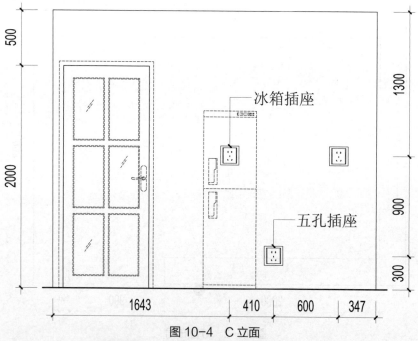

图 10-4 C 立面

冰箱插座安装在冰箱后面，插座距地不能超过 1500mm

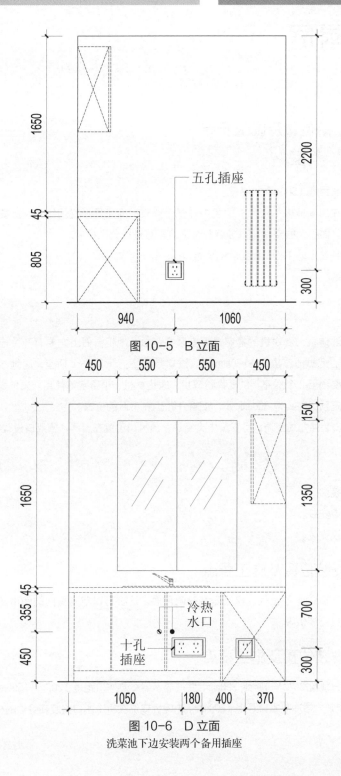

五孔插座

1650

2200

45

805

300

940   1060

图 10-5   B 立面

450   550   550   450

150

1650

1350

45

355

700

450

冷热
水口

十孔
插座

300

1050   180   400   370

图 10-6   D 立面
洗菜池下边安装两个备用插座

U 形厨房

一、电路安装位置及施工要点

1. 照明

开关： 应安装在距地 1300mm 的高度。

顶灯： 应安装在房间减去吊柜尺寸的居中位置，如果房间是异形空间结构，应安装在相对居中位置，面积大的空间可以多装几个顶灯，可进行分别控制。

壁灯： 壁灯安装在距地 1350mm 高度的位置。

射灯： 可以安装。

2. 强电

插座： 烤箱、洗碗机、洗衣机的插座最好安装在侧面，地柜台面上方要有开关控制下面的插座。抽油烟机插座应在 2150mm 处。进口灶具下方预留一个插座，距地 300mm。洗菜池下面要预留 3 个插座，供食物粉碎机、净化水机、小厨宝等使用。如果是集成灶具，电源插座预留在距地 300mm 处，烟管开孔也在下面的位置。

空调： 不建议安装独立式空调，可安装中央空调，出风口设置在厨房，回风口设置在厨房以外。

3. 弱电

电视： 可以安装。

电话： 可以考虑安装。

背景音乐： 建议安装。

二、暖通安装位置及施工要点

暖气： 适宜用高 900mm 的暖气，建议安装在门后面，这样可以节省房间的使用宽度，也可以使用中央空调供暖。

三、水路安装位置及施工要点

　　洗菜盆下方预留冷热水口距地 300mm，燃气热水器冷热水口距地 1200～1500mm，冷热水口间距 200mm。电热水器冷热水口距地 1200mm。洗碗机或洗衣机冷热水口安装在旁边的柜子里。

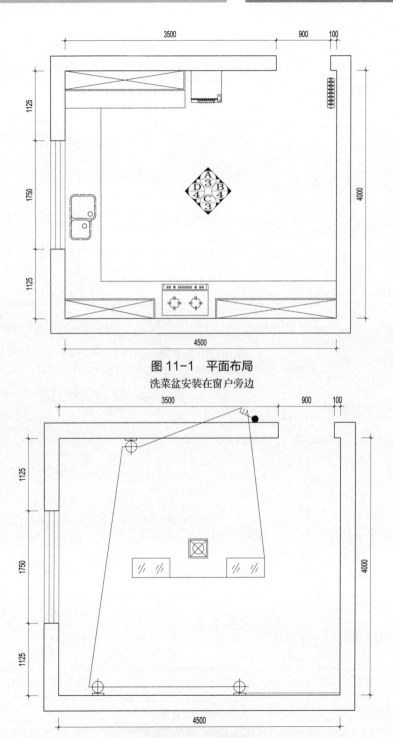

图 11-1 平面布局

洗菜盆安装在窗户旁边

图 11-2 灯位布局

主灯摆在厨房居中位置，也可以安装多个主灯

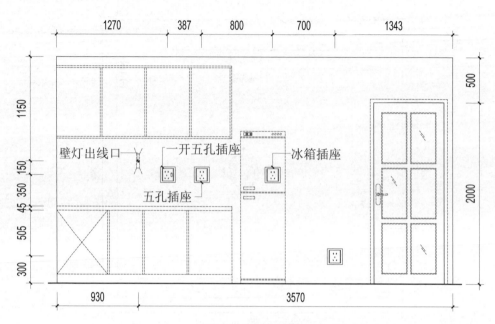

图 11-3　A立面

冰箱插座安装在冰箱后面，插座距地不能超过 1500mm

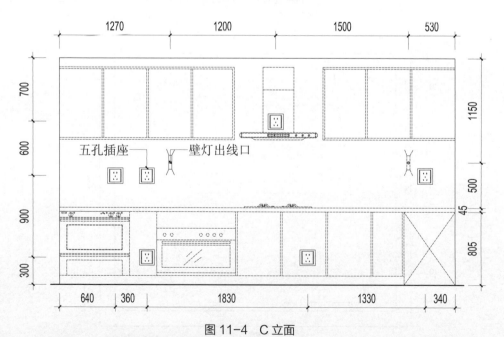

图 11-4　C立面

油烟机插座安装在油烟机后面距地 2100mm，隐藏式烤箱的插座应安装在旁边的柜子里

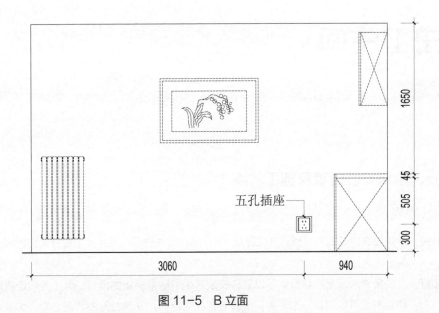

五孔插座

1650

45

505

300

3060　　940

图 11-5　B 立面

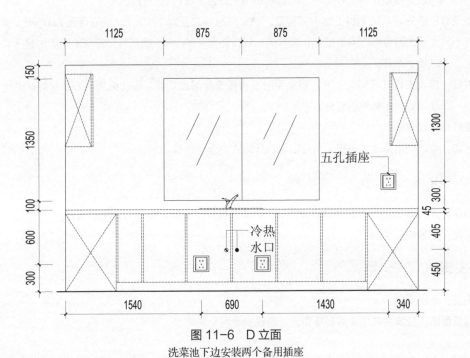

1125　　875　　875　　1125

150

1350

100

600

300

1300

五孔插座

45
300

405

450

冷热
水口

1540　　690　　1430　　340

图 11-6　D 立面
洗菜池下边安装两个备用插座

主卫生间

一、电路安装位置及施工要点

1. 照明

开关：应安装在门开启的一侧。开关距地1300mm，如果安装在卫生间里面应选用比较浅的开关防水盒。

顶灯：应安装在房间居中位置，可以分开安装两个带防水功能的顶灯。为了节约走线，顶灯和换气扇可以同用一个开关。浴霸适宜独立控制，安装在淋浴区正上方。如果是集成吊顶，浴霸、换气和照明可以安装在相应位置上进行独立控制。

镜前灯：应安装在浴室镜上方中间位置，镜前灯出线口距地2250mm，最低可为2100mm。镜子的两侧可以安装壁灯，壁灯的出线口距地1800mm。镜前灯和带防水功能的镜子共用一个开关。

射灯：建议安装在马桶正上方，用来照射装饰画或起阅读功能。应优先选用LED射灯，必须使用带防水面罩的灯具。

夜灯：建议安装。

浴霸：可以使用集成式浴霸，也可以使用分体式三合一浴霸。

2. 强电

插座：应距地300mm安装带防水盒插座，为洁身器预留插座，镜子旁边预留插座。

空调：不建议安装。

3. 弱电

电视：可以安装。

背景音乐：应安装在顶面或者墙面上，建议安装两个喇叭。

二、水路安装位置及施工要点

马桶和妇洗器：马桶和妇洗器两侧应预留插座，中间预留冷热水口和中水口。妇洗器和洁身器的水源必须是自来水，不能使用中水。插座距地 300mm，插座须带防水盒。冷热水口和中水口距地 300mm，水口安装在洁具的正后方较为美观。

淋浴：国产普通淋浴冷热水口距地 1000mm，冷热水口的间距要根据混水阀的尺寸确定，一种是 120mm，另一种是 150mm。浴缸上的淋浴冷热水口距地 700mm，其他特殊淋浴冷热水口高度根据厂家提供尺寸确定。有些进口花洒需要暗装混水阀，根据厂家提供尺寸确定，事前预埋混水器，最后安装面板。

洗脸盆：侧面应预留插座，以方便吹风机等电器设备的使用，插座距地 1200mm 并带防水盒。洗脸盆下面预留冷热水口，冷热水口距地 450mm。如果使用小厨宝要预留插座。

浴缸：预留冷热水口，距地 700mm。如果选用带脚浴缸，淋浴出水口要根据厂家提供尺寸确定。

三、暖通安装位置及施工要点

暖气：适宜用高 600mm 的暖气片，方便晾晒衣服，也可以选用背篓式暖气。确定水口进出方向，一种方式是上进下出，一种方式是下进下出。单片供暖量为 1.5m²，即房间面积除以 1.5 等于房间使用面积片数，如果房间朝北，应适当增加。

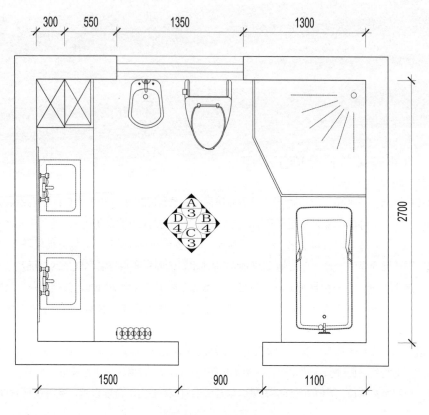

图 12-1 平面布局
双盆两侧都要预留插座

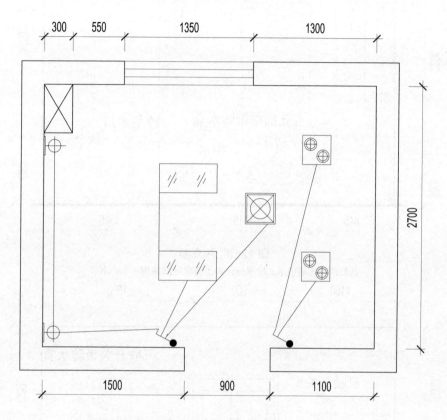

图 12-2　灯位布局
主灯安装在房间的居中位置，浴缸和淋浴区都要安装浴霸

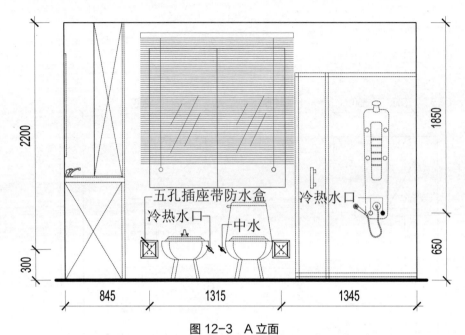

图 12-3　A 立面

马桶两侧安装中水、冷水口，为了美观可以共用一个冷水口

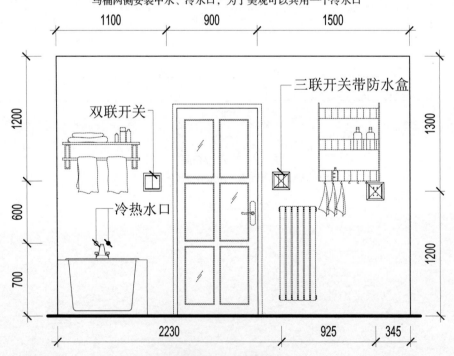

图 12-4　C 立面

开关安装在门的一侧，带防水盒

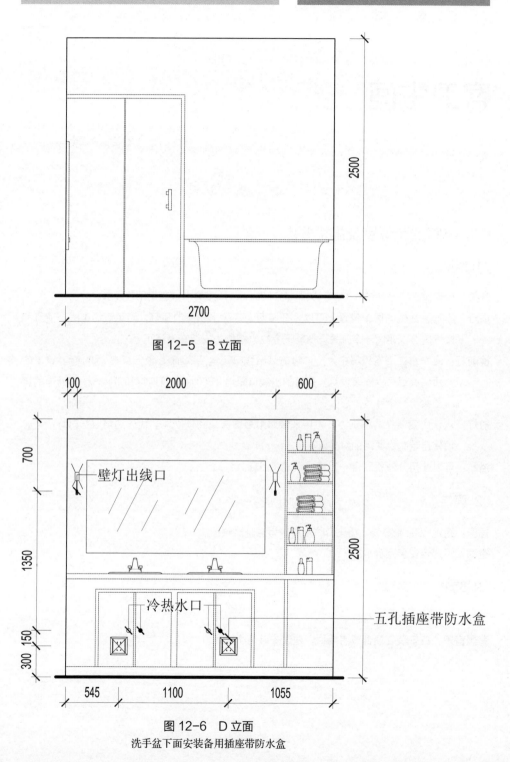

图 12-5 B 立面

图 12-6 D 立面
洗手盆下面安装备用插座带防水盒

客卫生间

一、电路安装位置及施工要点

1.照明

开关： 应安装在门开启的一侧。开关距地 1300mm，开关防水盒选用比较浅的。

顶灯： 应安装在房间居中位置，可以分开装两个带防水功能的顶灯，为了节约走线，顶灯和换气扇可以用同一个开关。浴霸适宜独立控制，安装在淋浴正上方。

镜前灯： 应安装在浴室镜居中上方，镜前灯出线口距地 2250mm，最低可在 2100mm。镜子的两侧位置可以安装壁灯，壁灯的出线口距地 1800mm。镜前灯和带防水防雾通电的镜子共用一个开关。

射灯： 建议应安装在马桶正上方，用来做照射装饰画或阅读功能。优先选用 LED 射灯，且必须使用带防水面罩的灯具。

浴霸： 可以使用分体式三合一浴霸或集成式浴霸。

2.强电

插座： 距地 300mm 安装，插座带防水盒，为洁身器预留。

空调： 不建议安装空调插座。

3.弱电

电视： 不建议安装电视插座。

背景音乐： 应安装在顶部或者墙面，建议安装两个喇叭。

二、水路安装位置及施工要点

马桶和妇洗器：马桶两侧应预留插座，中间预留冷水口和中水口。妇洗器和洁身器不能使用中水。插座距地 300mm，冷水口和中水口距地 300mm，水口适宜做在洁具的正后方较为美观。插座须带防水盒。

淋浴：普通淋浴冷热水口距地 1000mm，冷热水口的间距要根据混水阀的尺寸确定，一种是120mm，一种是 150mm。浴缸上的淋浴冷热水口距地 700mm，其他特殊淋浴冷热水口高度根据厂家提供尺寸为准。有些进口花洒需要安装混水阀，根据厂家提供尺寸为准。

洗脸盆：洗脸盆侧面预留插座，以方便吹风机等电器的使用，插座距地 1200mm 带防水盒。洗脸盆下面预留冷热水口，冷热水口距地 450mm。如果使用小厨宝，要预留插座。

浴缸：浴缸预留冷热水口，距地 700mm。

三、暖通安装位置及施工要点

暖气：适宜用高 600mm 暖气，也可以选用背篓式暖气。确定水口进出方向，一种方式是上进下出，另一种方式是下进下出。单片供暖量 1.5m²，即房间面积除以 1.5 等于房间使用面积片数，如果房间朝北，应适当增加。

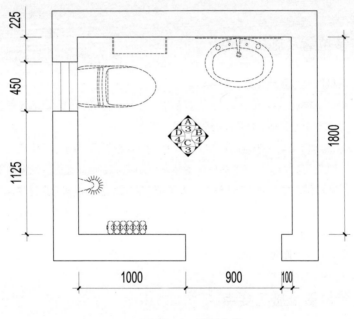

图 13-1　平面布局

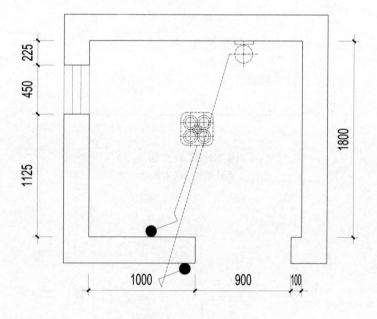

图 13-2　灯位布局
浴霸摆在卫生间居中位置

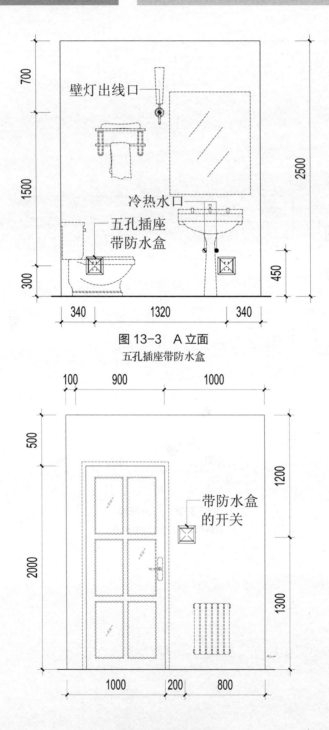

700

壁灯出线口

1500

冷热水口

五孔插座
带防水盒

2500

300

450

340 1320 340

图 13-3 A 立面
五孔插座带防水盒

100 900 1000

500

1200

带防水盒
的开关

2000

1300

1000 200 800

图 13-4 C 立面
开关安装在门边上，带防水盒

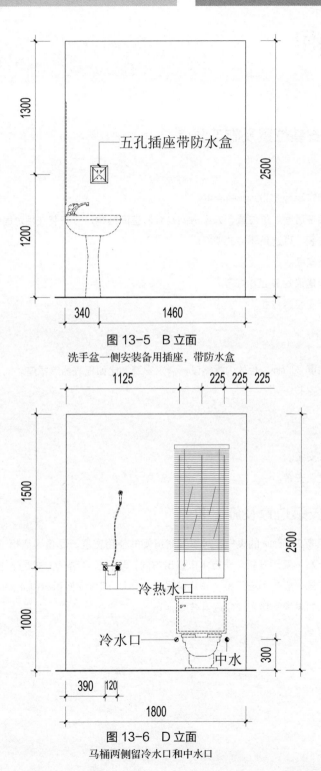

图 13-5　B 立面

洗手盆一侧安装备用插座，带防水盒

图 13-6　D 立面

马桶两侧留冷水口和中水口

衣帽间

一、电路安装位置及施工要点

1. 照明

开关：应安装在距地 1300mm 的高度。

顶灯：应安装在房间居中位置，如果房间是异形空间结构，应安装在相对居中位置。

壁灯：可以安装，可选用感应式壁灯。

射灯：不建议安装。

灯带：柜体内建议安装 LED 灯带。

壁柜灯：建议安装感应式。

2. 强电

插座：距地高度 300mm，柜体内根据设计需求安装，比如摇表器等插座。

空调：不建议安装。

3. 弱电

电视：不建议安装。

背景音乐：建议安装。

二、暖通安装位置及施工要点

暖气：适宜用高 1800mm 的暖气，可以节省房间的使用宽度，尽量远离柜子，避免长期高温使柜子发生变形开裂。确定水口进出方向，现代住宅暖气方式是下进下出，老房子进出水方式一般是上进下出。单片供暖量 4.5m²，即房间面积除以 4.5 等于房间使用暖气片数，如果房间朝北，应适当增加。

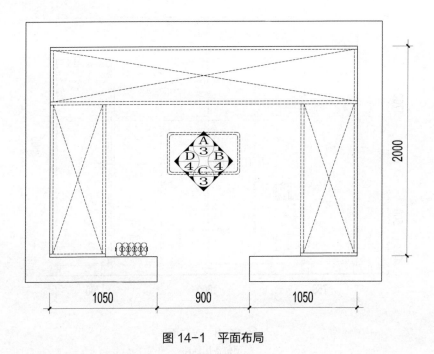

1050　　　900　　　1050

图 14-1　平面布局

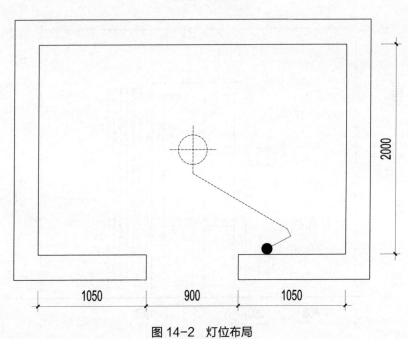

1050　　　900　　　1050

图 14-2　灯位布局

主灯摆在衣帽间居中位置

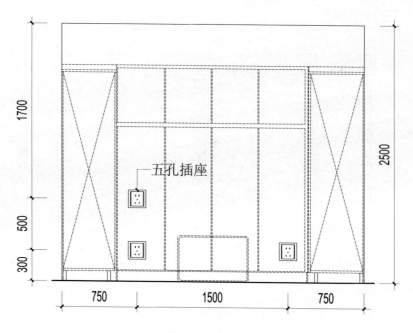

图 14-3　A 立面

预留备用插座

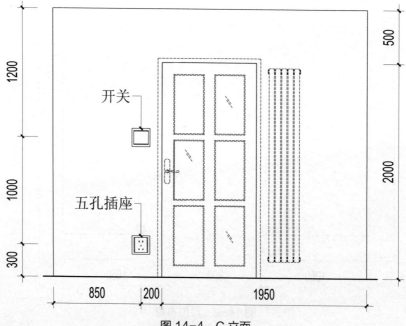

图 14-4　C 立面

开关安装在门的一侧

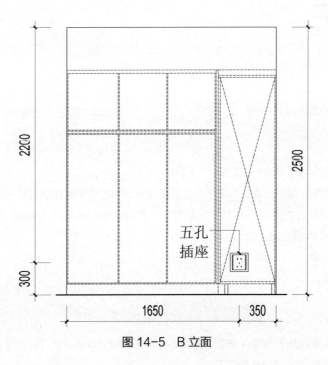

五孔
插座

2200

2500

300

1650　　350

图 14-5　B 立面

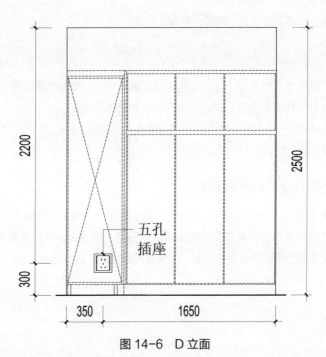

五孔
插座

2200

2500

300

350　　1650

图 14-6　D 立面

保姆房

一、电路安装位置及施工要点

1. 照明

开关：应安装在距地 1300mm 的高度。

顶灯：应安装在房间居中位置，如果房间是异形空间结构，应安装在相对居中位置。

壁灯：壁灯的安装应先确定床的尺寸和位置，安装在距床外沿两侧 100mm、距地面完成面 1800mm 的高度位置。

射灯：不建议安装。

台灯：建议安装。

2. 强电

插座：床头柜后面或是上方可以安装，距地高度 300mm 或 650mm，也可以考虑安装熨斗插座，在折叠层板上方 200mm 的位置。

空调：上方预留一个空调插座。上漆前打空调孔。

3. 弱电

电视：先确定壁挂式电视机底座尺寸，根据电视机底座尺寸，强电和弱电插座安装在电视底座下沿上方 100mm 处为宜。同时在电视机后面预留网络插座。

网络：网络和电话使用一条线和一个面板，就是网络电话面板。

电话：尽量安装在床头附近。

二、暖通安装位置及施工要点

暖气：适宜用高 1500mm 的暖气，可以节省房间的使用宽度。确定水口进出方向，现代住宅暖气方式是下进下出，老房子进出水方式一般是上进下出。单片供暖量 4m^2，即房间面积除以 4 等于房间使用暖气片数，如果房间朝北，应适当增加。

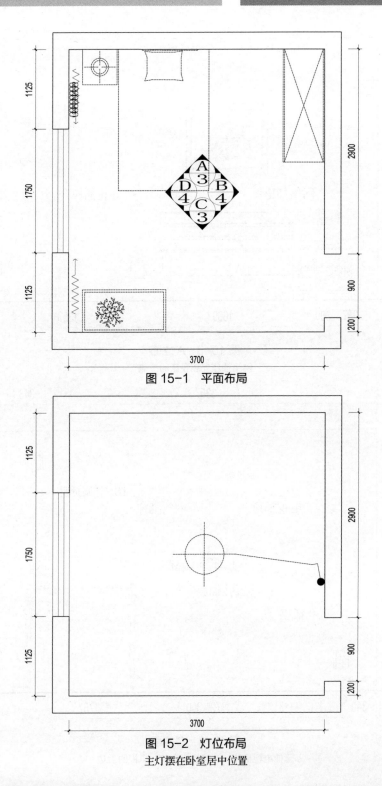

图 15-1　平面布局

图 15-2　灯位布局
主灯摆在卧室居中位置

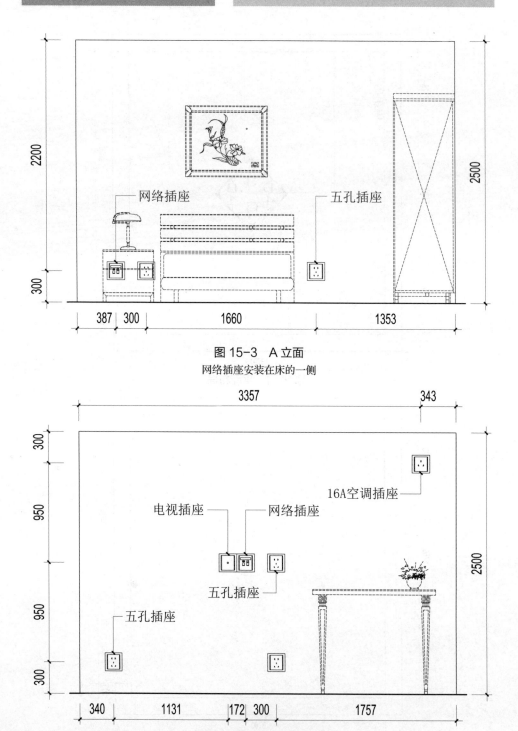

图 15-3 A立面

网络插座安装在床的一侧

图 15-4 C立面

壁挂电视插座、网络插座安装在电视的后边

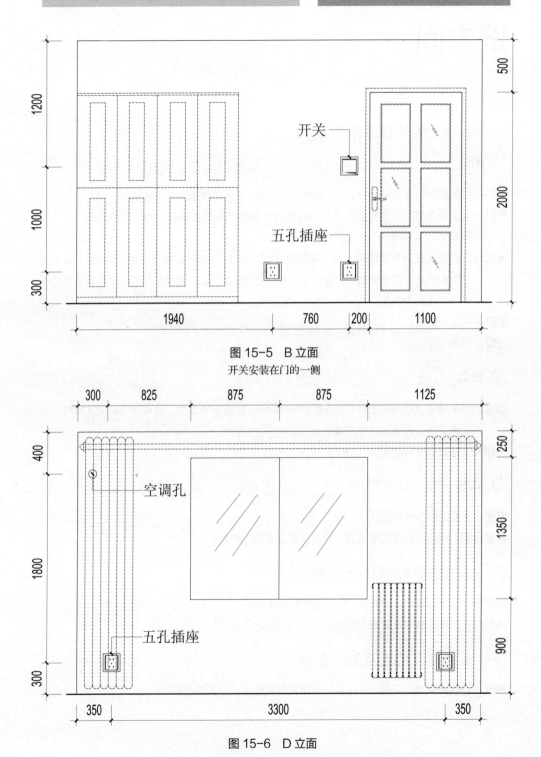

500

1200

开关

1000

五孔插座

2000

300

1940   760   200   1100

图 15-5 B 立面

开关安装在门的一侧

300   825   875   875   1125

400

250

空调孔

1350

1800

五孔插座

900

300

350   3300   350

图 15-6 D 立面

一、电路安装位置及施工要点

1. 照明

开关：应安装在门开启的一侧，开关距地 1300mm，开关防水盒选用比较浅的。

顶灯：应安装在房间居中位置，可以分开装两个带防水功能的顶灯，为了节约走线，顶灯和换气扇可以用同一个开关。

镜前灯：应安装在浴室镜居中上方，镜前灯出线口距地 2250mm，最低可在 2100mm。镜子的两侧位置可以安装壁灯，壁灯的出线口距地 1800mm。镜前灯和带防水防雾通电的镜子共用一个开关。

射灯：不建议安装。

台灯：安装为宜。

2. 强电

插座：插座距地 300mm。洗衣机插座距地 1200mm，插座带防水盒，也可以安装熨斗插座，在折叠层板上方 200mm 的位置。

空调：可以安装空调插座。

3. 弱电

电视：不建议安装电视插座。

背景音乐：安装顶部或者是墙面，建议顶面安装两个喇叭。

二、水路安装位置及施工要点

洗衣机：冷水口距地 1200mm，热水口距地 1200mm。

墩布池：预留冷水口，距地 550mm。

三、暖通安装位置及施工要点

暖气：适宜用高 900mm 暖气，也可以选用背篓式暖气，方便晾晒衣服。

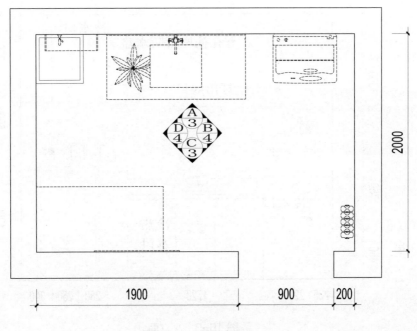

图 16-1 平面布局

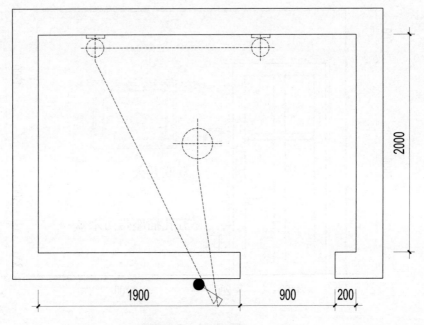

图 16-2 灯位布局
主灯摆在洗衣房居中位置

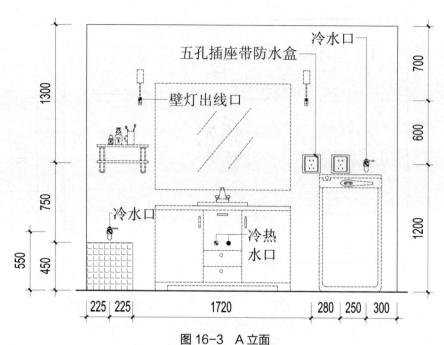

图 16-3　A 立面

洗衣机插座安装在洗衣机的上方

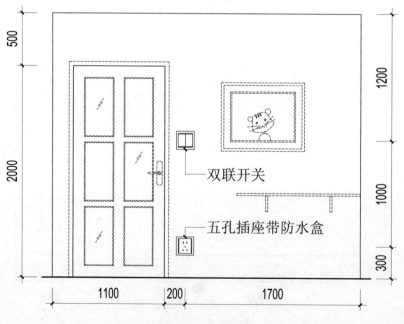

图 16-4　C 立面

开关安装在门的一侧

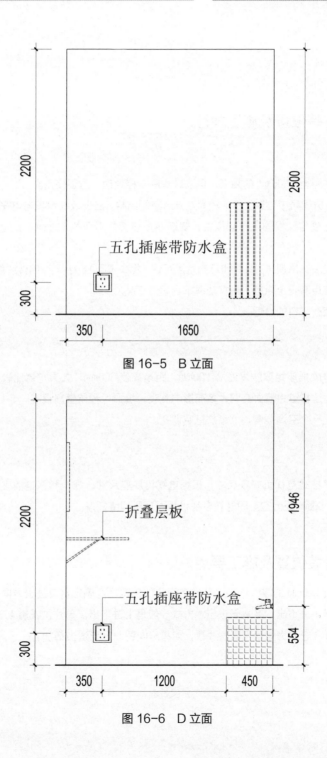

五孔插座带防水盒

图 16-5　B 立面

折叠层板

五孔插座带防水盒

图 16-6　D 立面

一、电路安装位置及施工要点

1. 照明

开关：应安装在距地 1300mm 的高度，可以做双联双控处理，方便使用。

顶灯：应安装在房间居中位置，如果房间是异形空间结构，应安装在沙发与电视的居中位置。

壁灯：安装应先确定沙发的尺寸和位置，安装在距沙发外沿两侧 100mm、距地 1800mm 的高度位置。

射灯：一般应安装在吊顶里，灯具和灯光角度可调，优先选用 LED 射灯。因传统射灯热量较高，长时间使用有安全隐患，射灯功率不宜超过 35W。

夜灯：建议安装在门口的附近。

2. 强电

插座：沙发两边的插座距离沙发外沿 100mm，距地高度 300mm，如果电器比较多，可选用十孔插座，这样避免墙面开洞过多而影响美观，墙面可预留壁扇插座。

空调：上方预留一个空调插座，上漆前打空调孔。

3. 弱电

电视：先确定壁挂式电视机底座尺寸，根据电视机底座尺寸，强电和弱电插座安装在电视底座下方 100mm 处为宜。同时在电视机后面预留网络插座。

网络：预留插座。

二、暖通安装位置及施工要点

暖气：适宜用高 500mm 的暖气，可以节省房间的使用宽度。确定水口进出方向，现代住宅暖气方式是下进下出，老房子进出水方式一般是上进下出。单片供暖量 1.3m^2，即房间面积除以 1.3 等于房间使用暖气片数，如果房间朝北，应适当增加。

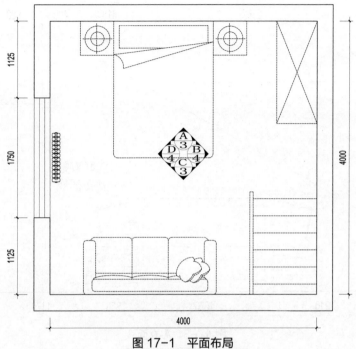

图 17-1 平面布局

床摆放在房间的居中位置

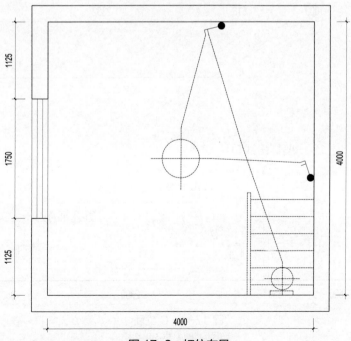

图 17-2 灯位布局

主灯摆在阁楼居中位置

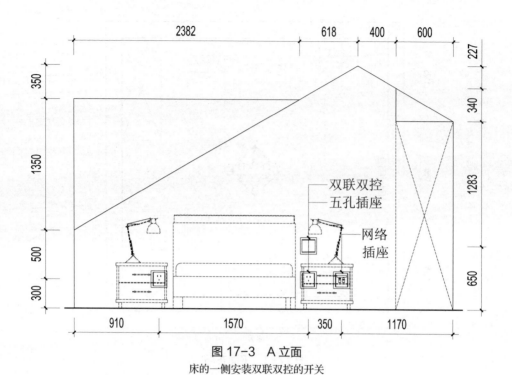

图 17-3　A 立面

床的一侧安装双联双控的开关

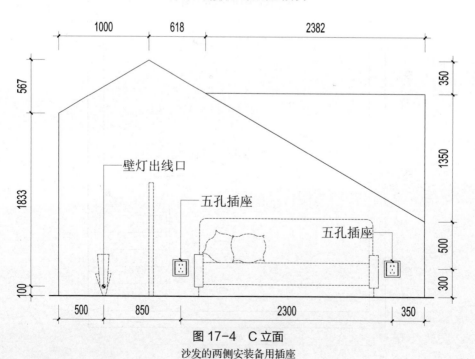

图 17-4　C 立面

沙发的两侧安装备用插座

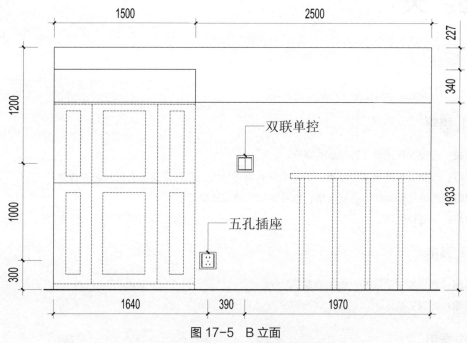

图 17-5　B 立面

楼梯口安装双联双控，另一个开关是在楼下开启的

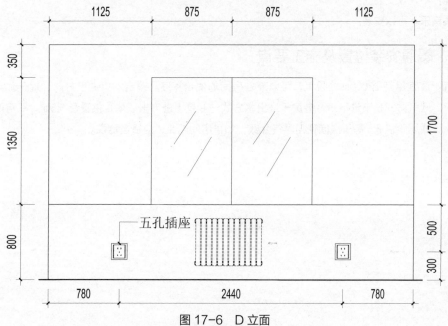

图 17-6　D 立面

预留备用插座

玄 关

一、电路安装位置及施工要点

1. 照明

开关：应安装在距地 1300mm 的高度。

顶灯：应安装在房间居中位置，如果房间是异形空间结构，应安装在相对居中位置。

壁灯：距地 1800mm 的高度位置，也可以采用感应式壁灯。

射灯：不建议安装。

2. 强电

插座：可预留保洁插座，距地高度 300mm。

空调：可以安装。

3. 弱电

电视：不建议安装。

背景音乐：可以安装。

二、暖通安装位置及施工要点

暖气：适宜用高 1200mm 的暖气，可以节省房间的使用宽度。确定水口进出方向，现代住宅暖气方式是下进下出，老房子进出水方式一般是上进下出。单片供暖量 3.5m²，即房间面积除以 3.5 等于房间使用暖气片数，如果房间朝北，应适当增加。

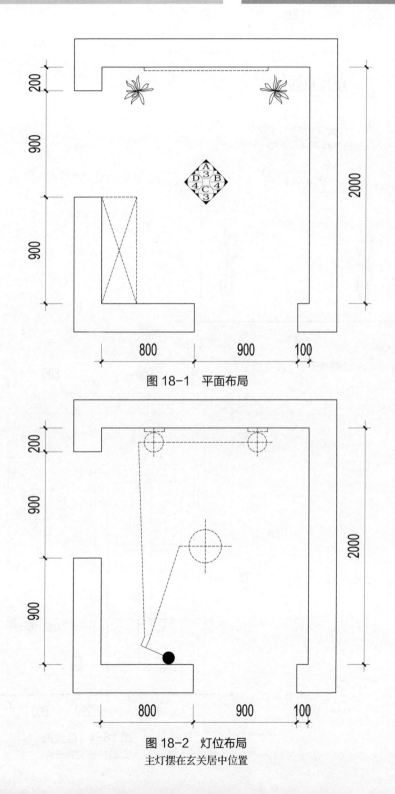

图 18-1　平面布局

图 18-2　灯位布局
主灯摆在玄关居中位置

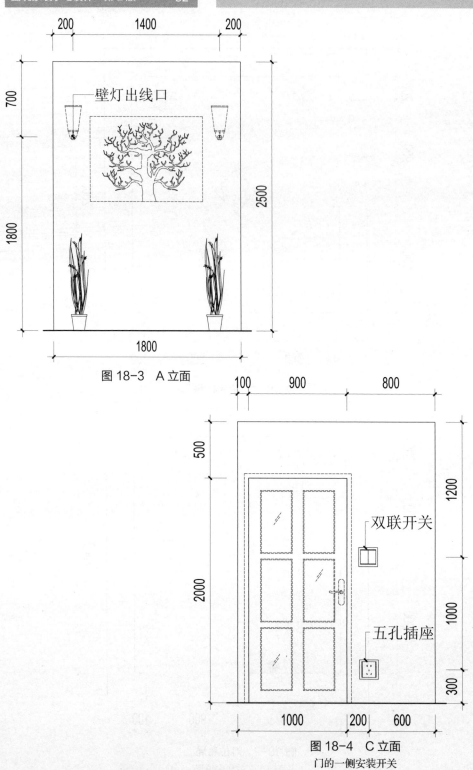

200 | 1400 | 200

700

壁灯出线口

2500

1800

1800

图 18-3 A 立面

100 | 900 | 800

500

1200

双联开关

2000

1000

五孔插座

300

1000 | 200 | 600

图 18-4 C 立面

门的一侧安装开关

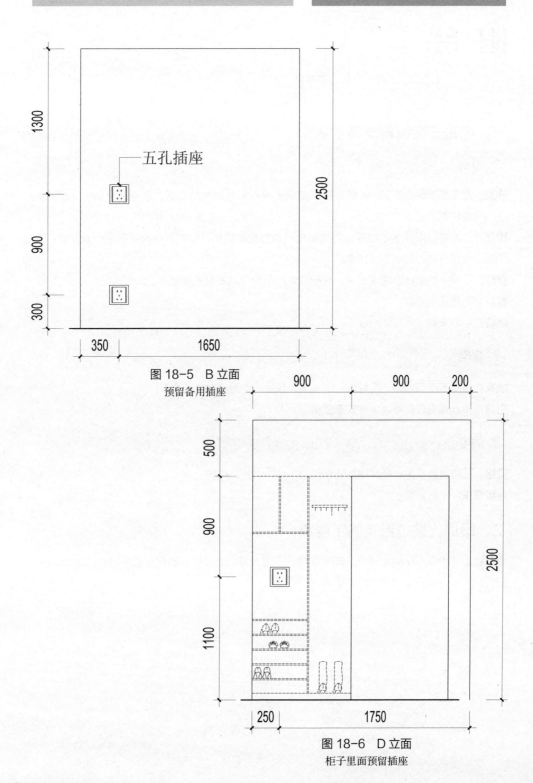

五孔插座

1300
2500
900
300

350 1650

图 18-5 B 立面
预留备用插座

900 900 200

500
900
2500
1100

250 1750

图 18-6 D 立面
柜子里面预留插座

阳 台

一、电路安装位置及施工要点

1. 照明

开关： 应安装在距地 1300mm 的高度，建议安装在阳台以外的位置，最好是房间里方便开关的位置。

顶灯： 应安装在阳台居中位置，如果阳台是异形空间结构，应安装在相对居中位置。最好选用镶嵌式，和吊顶一样平。

壁灯： 面积小的阳台不建议安装，面积较大的阳台可以安装多个壁灯。

射灯： 不建议安装。

暗灯： 可以安装。

2. 强电

插座： 距地高度 300mm，最好使用防水盒，预留一个跑步机的插座。

空调： 不建议安装，可以考虑安装壁扇。

3. 弱电

网络： 预留网络插座，最好使用防水盒。

背景音乐： 可以安装。

二、暖通安装位置及施工要点

暖气： 适宜用高 500mm 的暖气，安装在窗户下方为宜，也可以安装在靠近房间的内墙上。

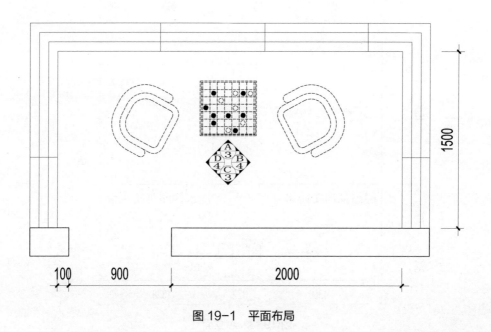

图 19-1　平面布局

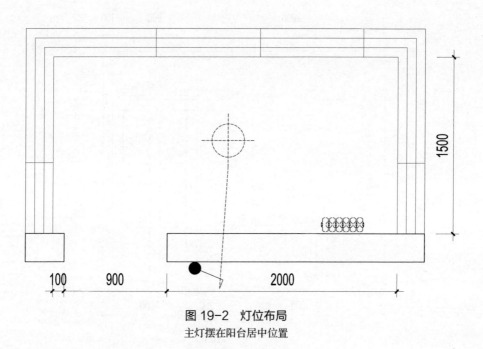

图 19-2　灯位布局

主灯摆在阳台居中位置

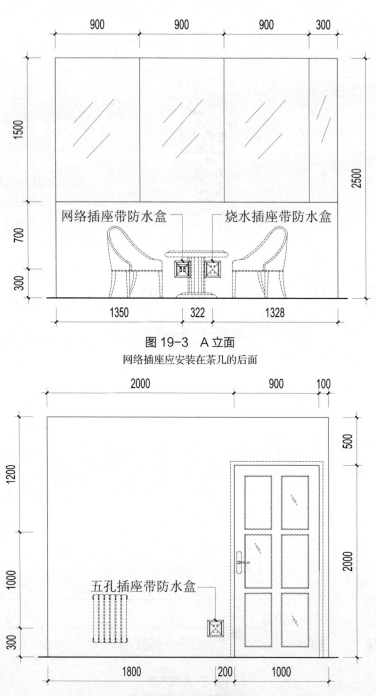

图 19-3 A 立面

网络插座应安装在茶几的后面

图 19-4 C 立面

开关安装在门边上

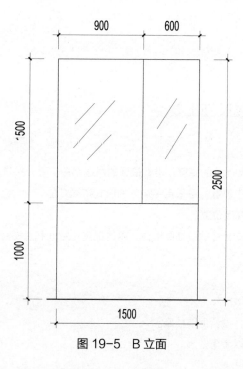

图 19-5　B 立面

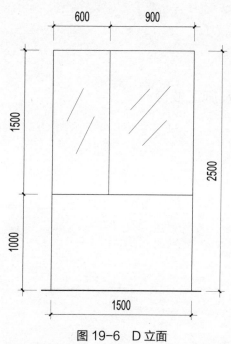

图 19-6　D 立面

走 廊

一、电路安装位置及施工要点

1. 照明

开关： 应安装在距地 1300mm 的高度，走廊最远的两端都应安装开关进行双控。

顶灯： 应安装在房间居中位置，可采用平均分的形式布局灯位。

壁灯： 距地 1800mm 的高度位置。

射灯： 可以安装，应照在相应的装饰画上面，以达到美化空间和点缀空间的效果。

夜灯： 安装为宜。

2. 强电

插座： 距地高度 300mm，预留保洁插座。

空调： 不建议安装，可以考虑壁扇。

3. 弱电

电视： 不建议安装。

电子相册： 可以安装。

二、暖通安装位置及施工要点

暖气： 不建议安装。

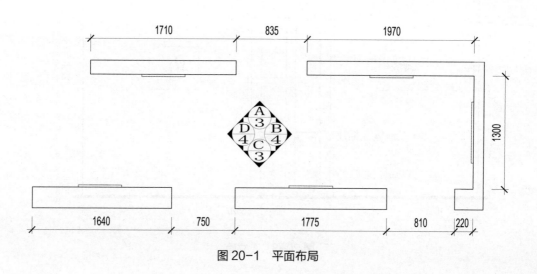

图 20-1　平面布局

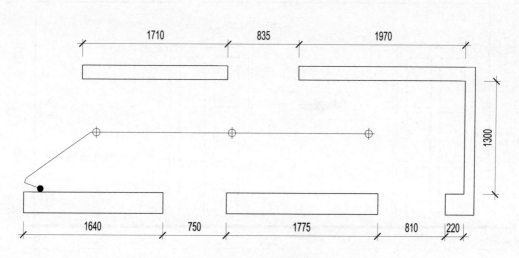

图 20-2　灯位布局

筒灯安装在走廊的居中位置为宜

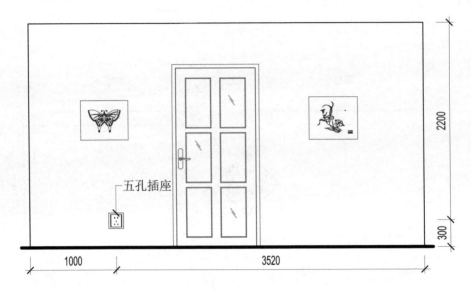

图 20-3 A立面

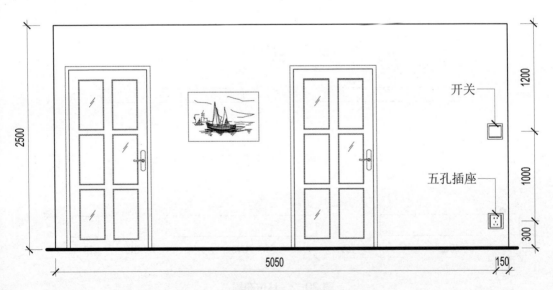

图 20-4 C立面

开关安装在走廊的两端

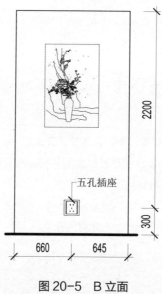

五孔插座

2200

300

660　　645

图 20-5　B 立面

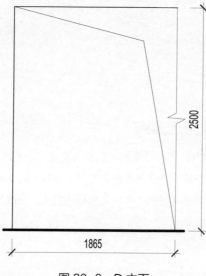

2500

1865

图 20-6　D 立面

休闲室

一、电路安装位置及施工要点

1. 照明

开关：应安装在距地 1300mm 的高度，可以考虑调光开关。

顶灯：安装在房间居中位置，如果房间是异形空间结构，应安装在相对居中位置，也可以采用分控处理，或者不安装顶灯。

壁灯：可以安装。

射灯：建议安装在装饰品的上方或者斜上方照射为宜。

2. 强电

插座：沙发两边的插座距离沙发外沿 100mm，距地高度 300mm，如果电器比较多，可选用十孔插座，这样避免墙面开洞过多而影响美观。

空调：上方预留一个空调插座，上漆前打空调孔。

3. 弱电

电视：建议安装。

背景音乐：建议安装。

网络：可以安装。

二、暖通安装位置及施工要点

暖气：适宜用高 900mm 的暖气，可以节省房间的使用宽度。确定水口进出方向，现代住宅暖气进出水方式是下进下出，老房子进出水方式一般是上进下出。单片供暖量 3m^2，即房间面积除以 3 等于房间使用暖气片数，如果房间朝北，应适当增加。

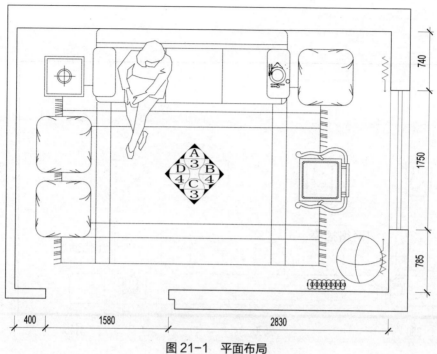

图 21-1　平面布局

沙发摆放在房间的居中位置

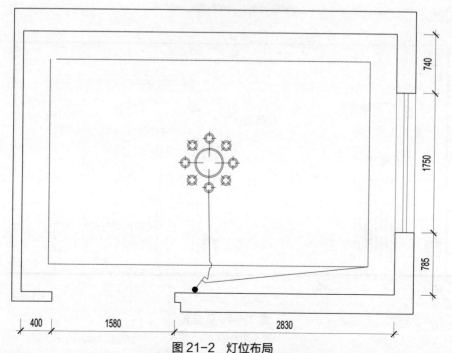

图 21-2　灯位布局

主灯安装在房间的居中位置，也可以不安装主灯

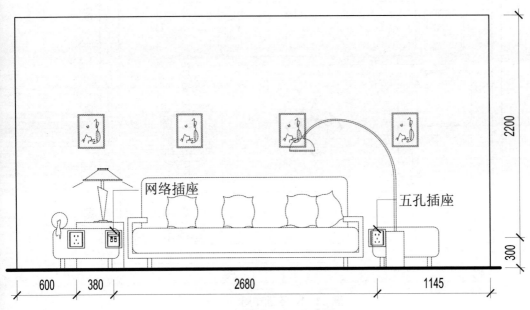

图 21-3　A 立面

网络插座安装在沙发的一侧

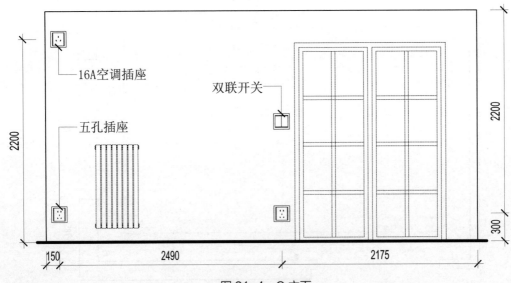

图 21-4　C 立面

开关安装在门的一侧

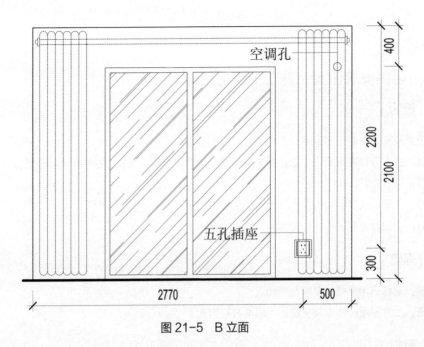

空调孔

五孔插座

400

2200

2100

300

2770　　500

图 21-5　B 立面

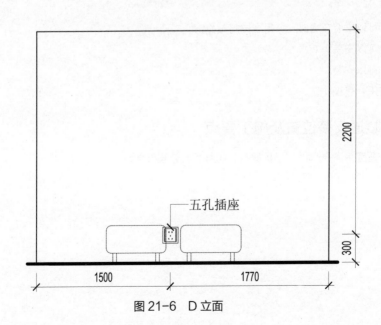

五孔插座

2200

300

1500　　1770

图 21-6　D 立面

榻榻米室

一、电路安装位置及施工要点

1. 照明

开关：应安装在距榻榻米完成面 1300mm 的高度。

顶灯：应安装在房间居中位置，如果房间是异形空间结构，应安装在相对居中位置。

壁灯：可以安装。

射灯：不建议安装。

夜灯：不安装为好。

2. 强电

插座：距榻榻米完成面高度 300mm。

空调：上方预留一个空调插座，上漆前打空调孔。

3. 弱电

电视：可以安装在墙面上，用推拉门做掩饰。

网络：可以安装。

电话：可以安装。

背景音乐：建议安装。

二、暖通安装位置及施工要点

暖气：适宜用高 900mm 以下的暖气，这样视觉效果最佳。

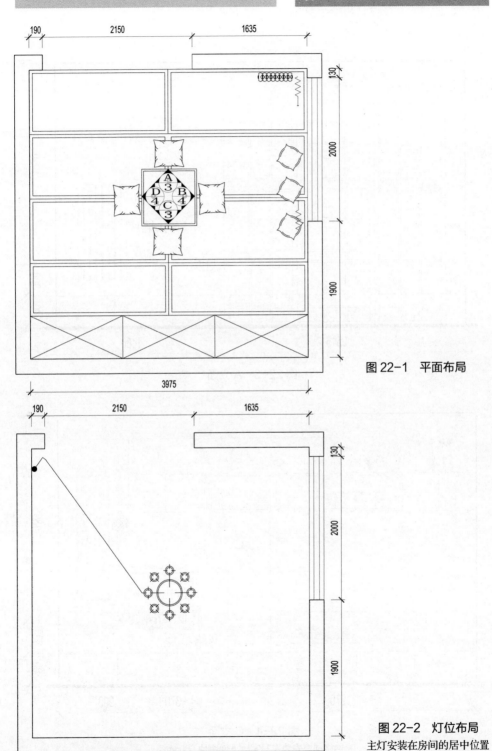

图 22-1　平面布局

图 22-2　灯位布局
主灯安装在房间的居中位置

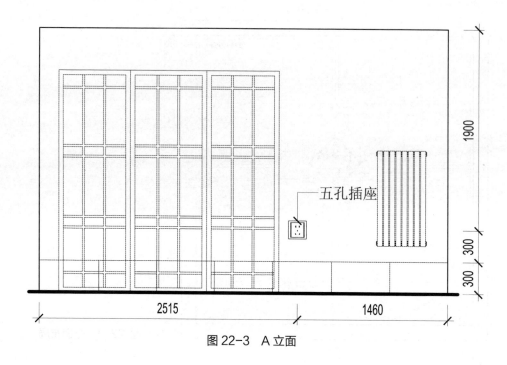

五孔插座

2515　　　　　　1460

1900

300 300

300

图22-3　A立面

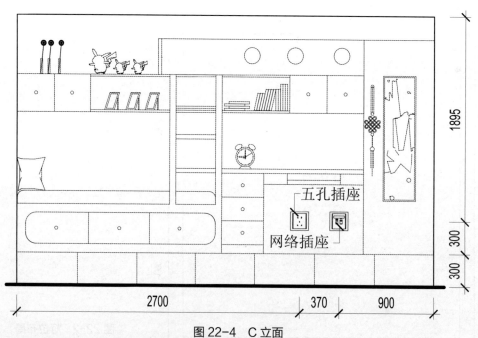

五孔插座

网络插座

2700　　　　370　　900

1895

300

300

图22-4　C立面

网络插座安装在写字台下面距地 600mm

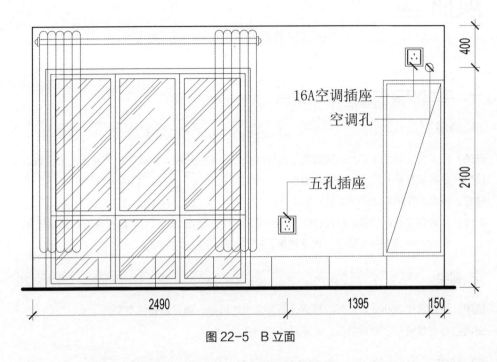

400

16A空调插座

空调孔

2100

五孔插座

2490　　　　1395　　150

图 22-5　B 立面

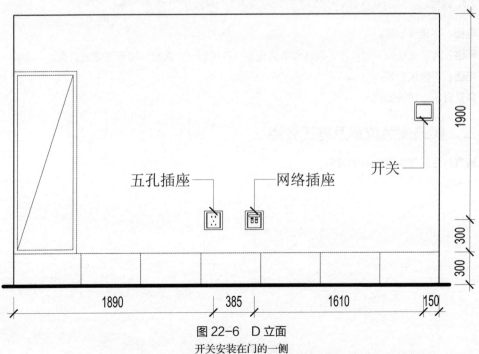

1900

五孔插座

网络插座

开关

300 300

300

1890　　385　　1610　　150

图 22-6　D 立面

开关安装在门的一侧

棋牌室

一、电路安装位置及施工要点

1. 照明

开关： 应安装在距地 1300mm 的高度，也可以在灯上进行控制，安装在棋牌桌正上方位置。

顶灯： 应安装在桌子正上方居中位置。

壁灯： 距地面完成面 1800mm 的高度位置。

射灯： 一般安装在吊顶里，灯具和灯光角度可调，优先选用 LED 射灯。因传统射灯热量较高，长时间使用有安全隐患，如果使用，射灯功率不宜超过 35W。

2. 强电

插座： 距地高度 300mm，也可以根据设备要求做成地插，满足设备的需要。

空调： 上方预留一个空调插座，上漆前打空调孔。

3. 弱电

电视： 不建议安装。

网络： 为了美观和节省成本，网络和电话使用一条线和一个面板，即网络电话面板。

电话： 不建议安装。

背景音乐： 建议安装。

二、暖通安装位置及施工要点

暖气： 适宜用高 900mm 的暖气。

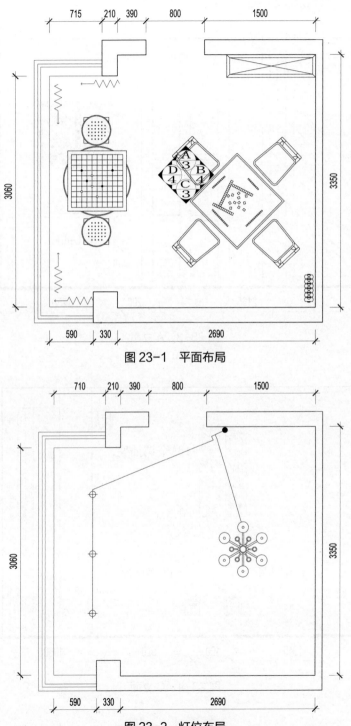

图 23-1　平面布局

图 23-2　灯位布局
主灯安装在麻将桌的居中位置

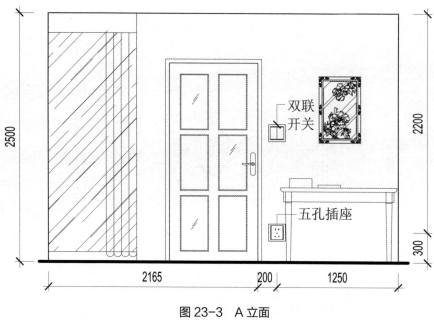

图23-3 A立面

开关安装在门的一侧

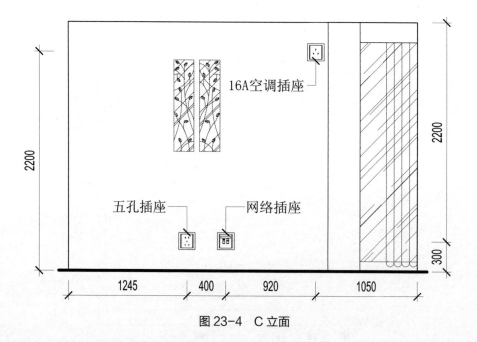

图23-4 C立面

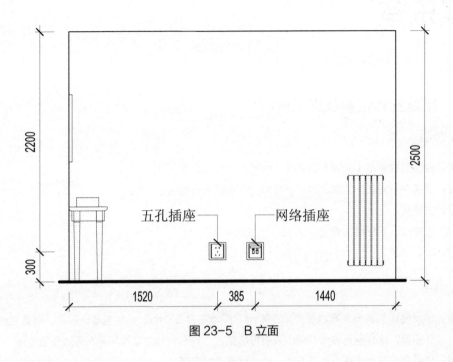

五孔插座　　　网络插座

图 23-5　B 立面

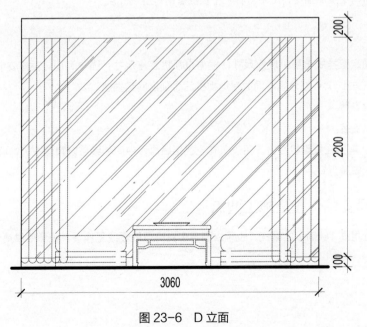

图 23-6　D 立面

娱乐室

一、电路安装位置及施工要点

1. 照明

开关： 应安装在距地 1300mm 的高度，也可以考虑用遥控开关。

顶灯： 安装在房间居中位置，也可以将灯带和射灯进行结合。

壁灯： 宜安装。

射灯： 宜安装，照在装饰画上。

夜灯： 建议安装。

2. 强电

插座： 沙发两边的插座距离沙发外沿 100mm，距地高度 300mm，如果电器比较多，可选用十孔插座，这样避免墙面开洞过多而影响美观。投影机和电动投影幕布旁边预留插座。

空调： 预留两个空调插座，上下方各一个。上漆前打空调孔。

3. 弱电

电视： 先确定壁挂式电视机底座尺寸，根据电视机底座尺寸，强电和弱电插座安装在电视底座下方 100mm 处为宜。同时在电视机后面预留网络插座。

网络： 可以安装。

电话： 可以安装。

HDMI: 一头连接在投影机后方，另一头在电视柜后面，中间的线可以隐藏在装饰墙中。

投影幕布： 安装为宜。

二、暖通安装位置及施工要点

暖气： 适宜用高 1800mm 的暖气，也可以利用中央空调取暖或是地暖，视觉效果更佳。

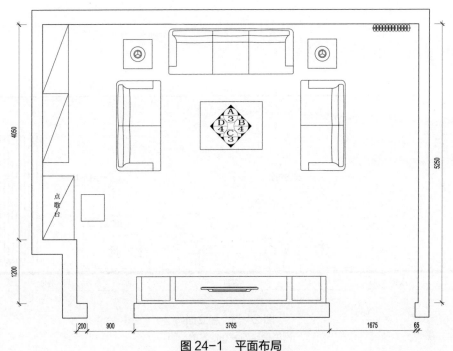

图 24-1　平面布局

沙发摆放在房间的居中位置

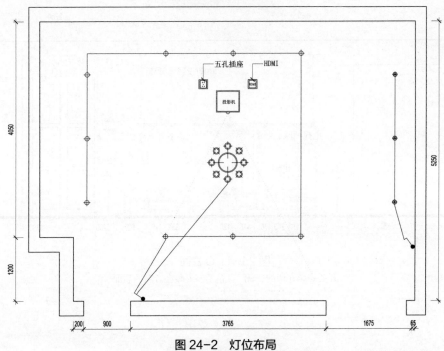

图 24-2　灯位布局

主灯安装在房间的居中位置

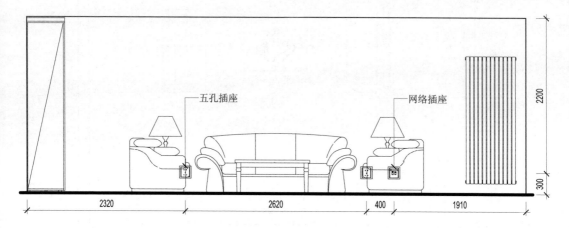

图 24-3 A立面

网络插座安装在沙发的一侧

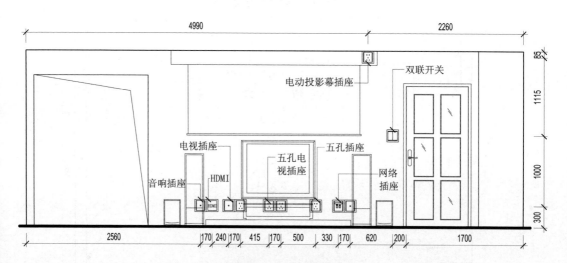

图 24-4 C立面

开关安装在门的一侧，音箱插座安装在音箱的后面

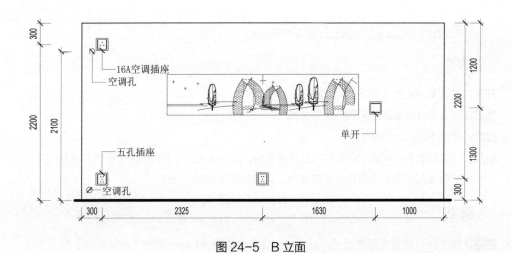

300

1200

2200

1300

300

300

2325

1630

1000

16A空调插座
空调孔

单开

五孔插座

⌀—空调孔

2200

2100

图 24-5　B 立面

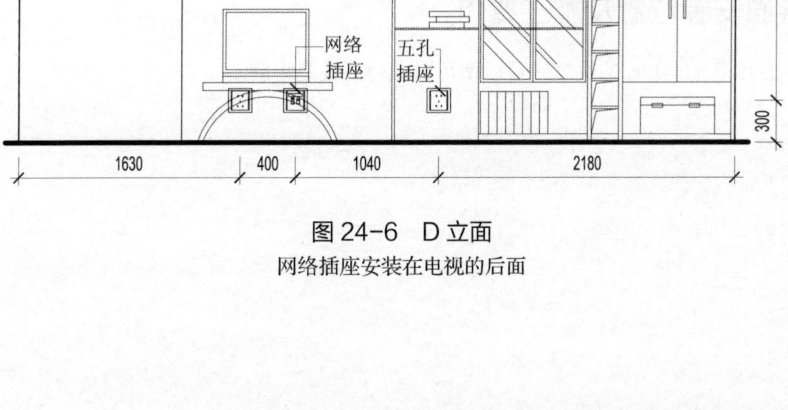

2200

300

1630

400

1040

2180

网络
插座

五孔
插座

图 24-6　D 立面
网络插座安装在电视的后面

一、电路安装位置及施工要点

1. 照明

开关：应安装在距地 1300mm 的高度。

顶灯：应安装台球桌正上方距地 1800mm。

壁灯：距地 1800mm 的高度位置。

射灯：一般安装在吊顶里，灯具和灯光角度可调，优先选用 LED 射灯。因传统射灯热量较高，长时间使用有安全隐患，如果使用，射灯功率不宜超过 35W。

2. 强电

插座：沙发两边的插座距离沙发外沿 100mm，距地高度 300mm，如果电器比较多，可选用十孔插座，这样避免墙面开洞过多而影响美观。

空调：预留两个空调插座，上下方各一个。上漆前打空调孔。

3. 弱电

电视：先确定壁挂式电视机底座尺寸，根据电视机底座尺寸，强电和弱电插座安装在电视底座下沿上方 100mm 处为宜。同时在电视机后面预留网络插座。

背景音乐：可以安装。

网络：无线网络。

二、暖通安装位置及施工要点

暖气：适宜用高 1800mm 的暖气，可以使用中央空调或是地暖。

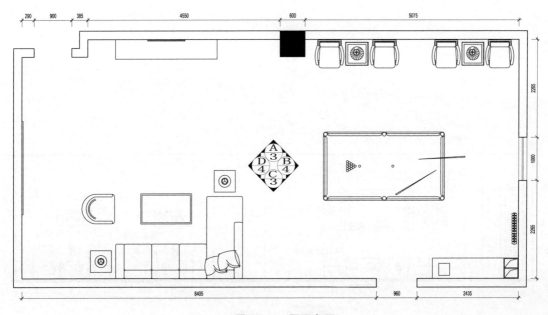

图 25-1　平面布局

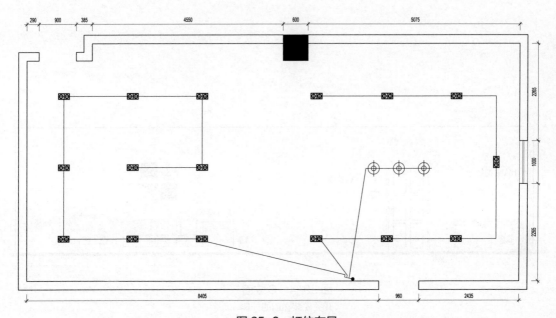

图 25-2　灯位布局
吊灯安装在台球桌居中位置距地 1700 ～ 1800mm

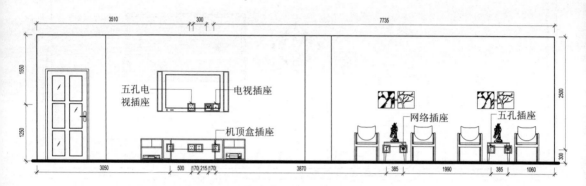

图25-3 A立面

壁挂电视插座、网络插座安装在壁挂电视插座的后面

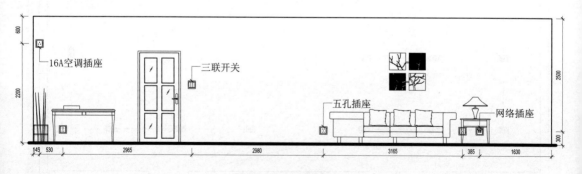

图25-4 C立面

开关安装在门的一侧

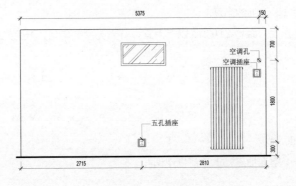

图 25-5　B 立面

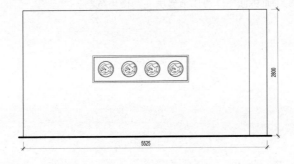

图 25-6　D 立面

乒乓球室

一、电路安装位置及施工要点

1. 照明

开关：应安装在距 1300mm 的高度。

顶灯：应安装球桌正上方距地 2100mm 以上为宜，灯光亮度要均匀，避免光线死角。

壁灯：可安装。

射灯：适宜安装。

2. 强电

插座：距地高度 300mm。

空调：上方预留一个空调插座，上漆前打空调孔。

3. 弱电

电视：不建议安装。

背景音乐：可以安装。

网络：无线网络。

二、暖通安装位置及施工要点

暖气：适宜用高 1800mm 的暖气，可以节省房间的使用宽度。

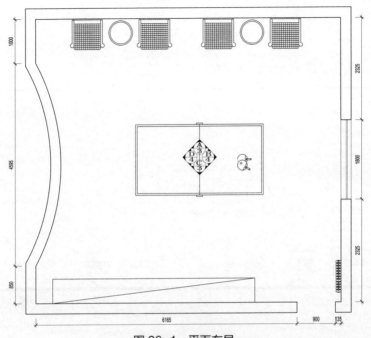

图 26-1　平面布局

乒乓球桌摆放在房间的居中位置

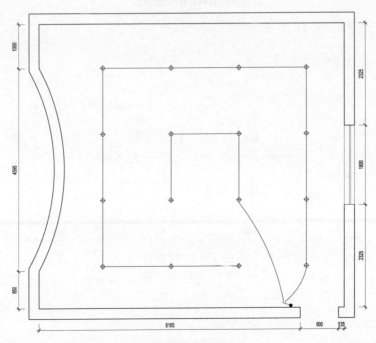

图 26-2　灯位布局

筒灯安装在房间的四周为宜

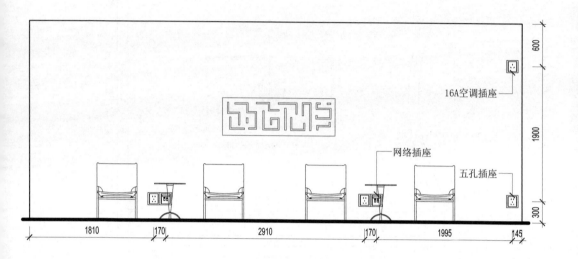

图 26-3 A 立面
茶几后面安装网络插座

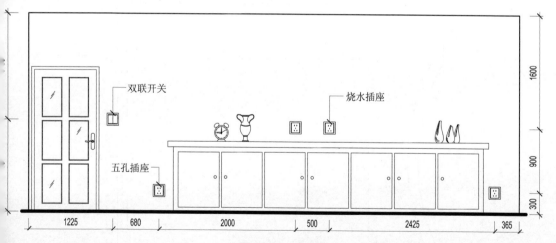

图 26-4 C 立面
开关安装在门的一侧

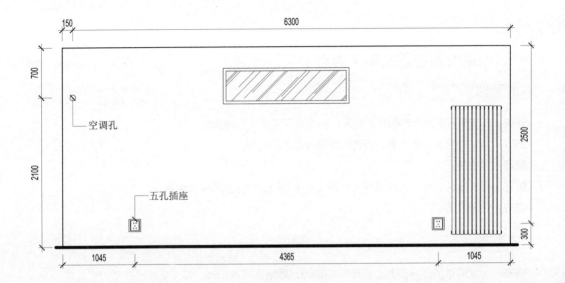

图 26-5　B 立面

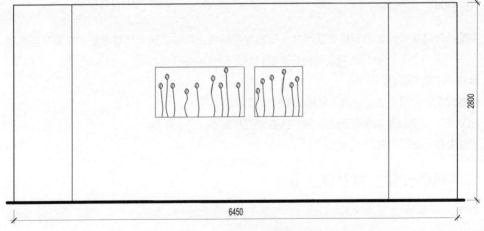

图 26-6　D 立面

影音室

一、电路安装位置及施工要点

1. 照明

开关： 应安装在距地 1300mm 的高度，预埋盒要考虑软包墙面的深度。

顶灯： 应装在房间居中位置，周边可以设计筒灯和灯带。

壁灯： 可安装。

射灯： 可以安装，也可以安装暗藏灯带来点亮空间，区分空间层次关系。

夜灯： 必须安装。

2. 强电

插座： 沙发两边的插座距离沙发外沿 100mm，距地高度 300mm，如果电器比较多，可选用十孔插座，这样避免墙面开洞过多而影响美观。投影机和电动投影幕布旁边预留插座。

空调： 预留两个空调插座，上下方各一个。上漆前打空调孔。

3. 弱电

电视： 先确定壁挂式电视机底座尺寸，根据电视机底座尺寸，强电和弱电插座安装在电视底座下方 100mm 处为宜。同时在电视机后面预留网络插座。

网络： 必须安装。

背景音乐： 必须安装，按照厂家提供的位置预留。

HDMI: 一头连接在投影机后方，另一头在电视柜后面。

投影幕布： 必须安装。

二、暖通安装位置及施工要点

暖气： 可以隐藏在装饰墙里面，也可以考虑中央空调或是采用地暖。

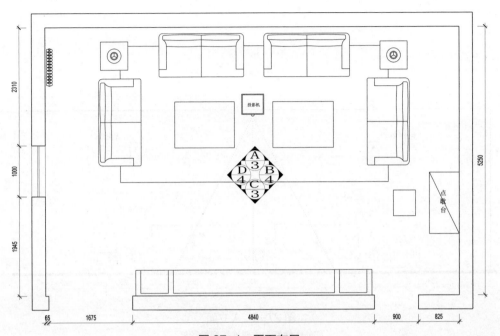

图 27-1　平面布局

沙发摆放在房间的居中位置

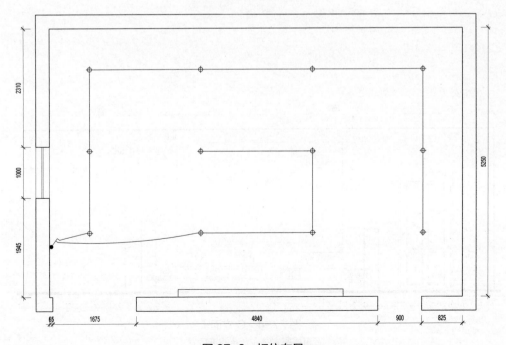

图 27-2　灯位布局

筒灯安装在房间的四周

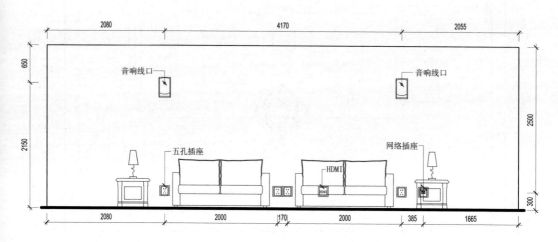

图 27-3 A 立面

HDMI 插座一定要连接到投影机

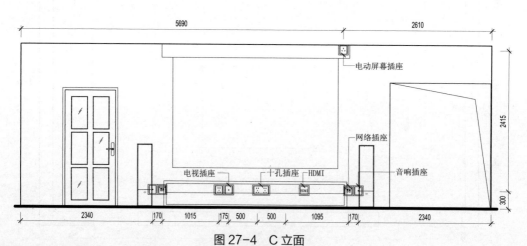

图 27-4 C 立面

音箱插座安装在音箱的正后方

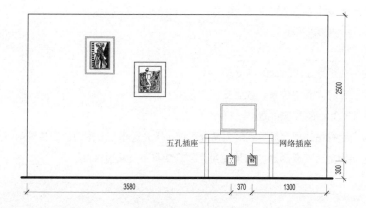

图 27-5　B 立面

点歌台下面预留网络插座

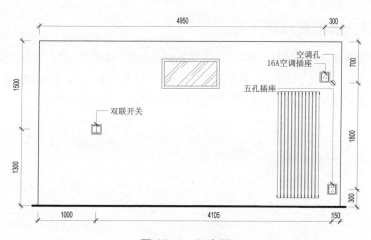

图 27-6　D 立面

茶 室

一、电路安装位置及施工要点

1.照明

开关：应安装在距地 1300mm 的高度。

顶灯：应安装在房间居中位置，或者安装在茶台上方。

壁灯：距地 1800mm 的高度位置。

射灯：一般安装在吊顶里，灯具和灯光角度可调，优先选用 LED 射灯。因传统射灯热量较高，长时间使用有安全隐患，如果使用，射灯功率不宜超过 35W。

2.强电

插座：距地高度 300mm，或是在茶台下面安装地插。

空调：上方预留一个空调插座，上漆前打空调孔，或者在墙面预留壁扇插座。

3.弱电

电视：可以安装。

背景音乐：建议安装。

网络：无线网络。

二、暖通安装位置及施工要点

暖气：适宜用高 900mm 的暖气，可以节省房间的使用宽度。确定水口进出方向，现代住宅暖气进出水方式是下进下出，老房子进出水方式一般是上进下出。单片供暖量 3m²，即房间面积除以 3 等于房间使用暖气片数，如果房间朝北，应适当增加。

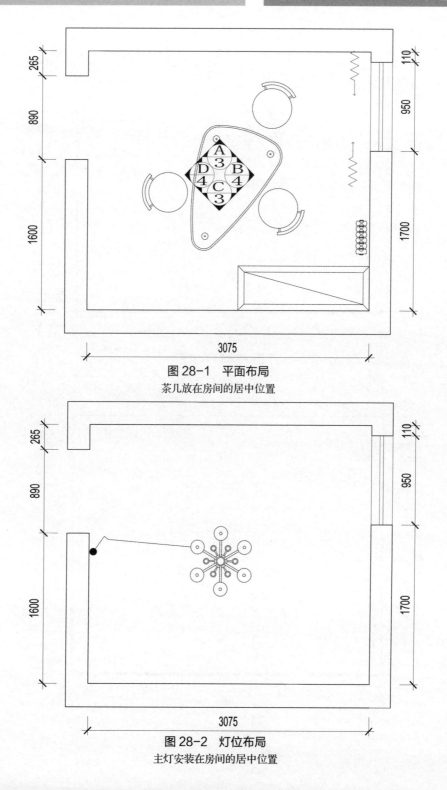

图 28-1　平面布局

茶几放在房间的居中位置

图 28-2　灯位布局

主灯安装在房间的居中位置

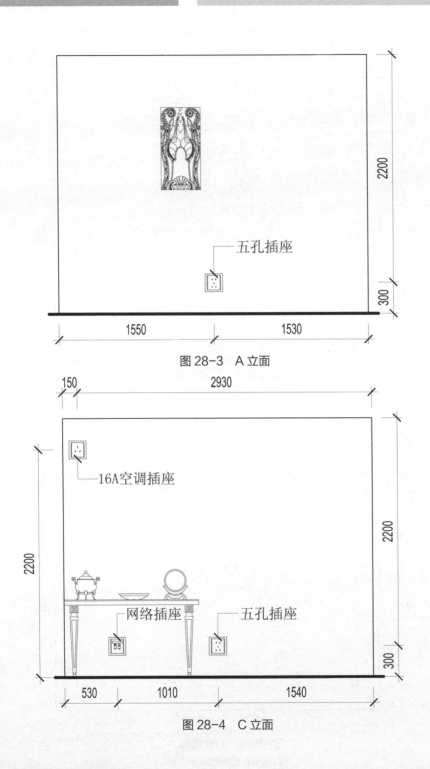

五孔插座

2200

300

1550 1530

图 28-3 A 立面

150 2930

16A空调插座

2200

2200

网络插座 五孔插座

300

530 1010 1540

图 28-4 C 立面

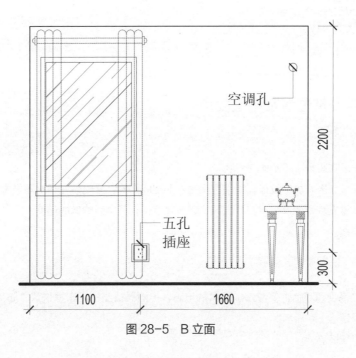

空调孔

五孔
插座

2200

300

1100　　　　1660

图 28-5　B 立面

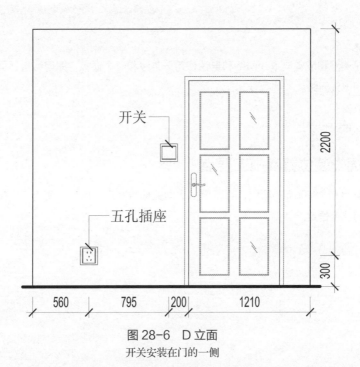

开关

五孔插座

2200

300

560　　795　200　　1210

图 28-6　D 立面
开关安装在门的一侧

一、电路安装位置及施工要点

1. 照明

开关： 应安装在距地 1300mm 的高度。

顶灯： 应安装在房间居中位置，如果房间是异形空间结构，应安装在相对居中位置。

壁灯： 可少量安装，建议采用 LED 光源，因为热度低，不会影响酒的温度。

射灯： 宜安装。

2. 强电

插座： 距地高度 300mm，要考虑加湿器的电源，推酒器插座按厂家提供尺寸布局，换气扇插座预留。

空调： 可以安装。

3. 弱电

电视： 建议安装。

网络： 为了美观和节省成本，网络和电话使用一条线和一个面板，即网络电话面板，也可以使用无线网络。

电话： 建议安装。

背景音乐： 可以安装。

二、暖通安装位置及施工要点

暖气： 适宜用高 1800mm 的暖气，可以节省房间的使用宽度。也可以使用中央空调来取暖，保持温度恒定。

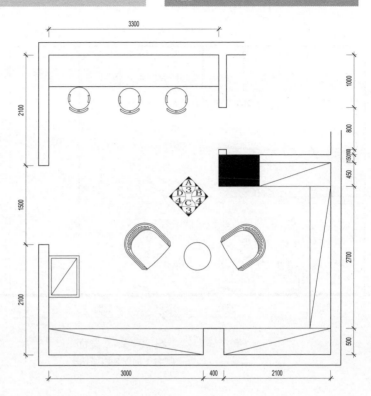

图 29-1　平面布局

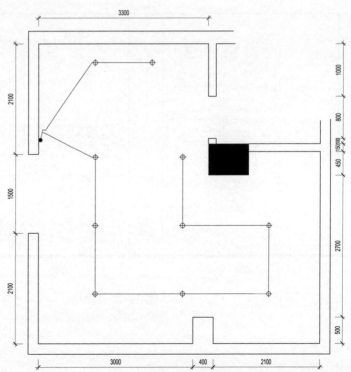

图 29-2　灯位布局
筒灯安装在房间的四周

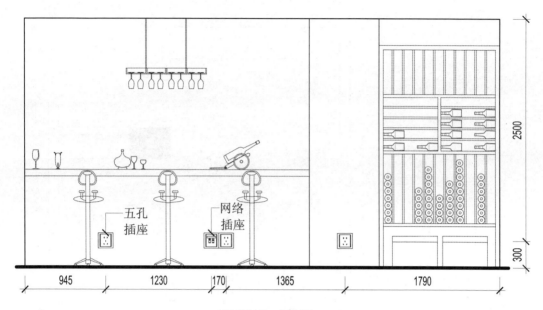

图 29-3　A 立面

吧台下面安装网络插座

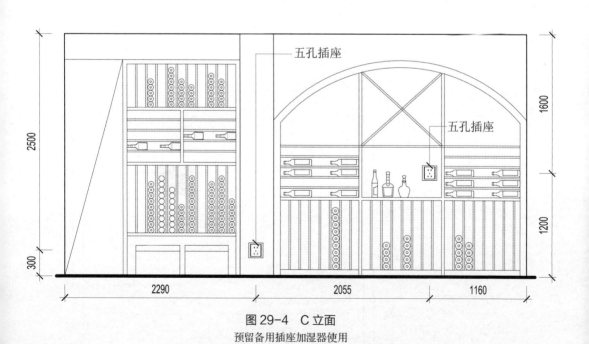

图 29-4　C 立面

预留备用插座加湿器使用

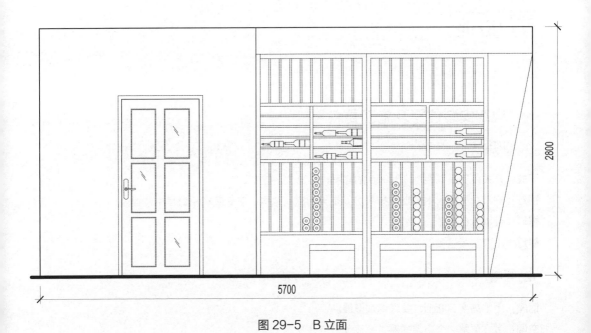

图 29-5　B 立面

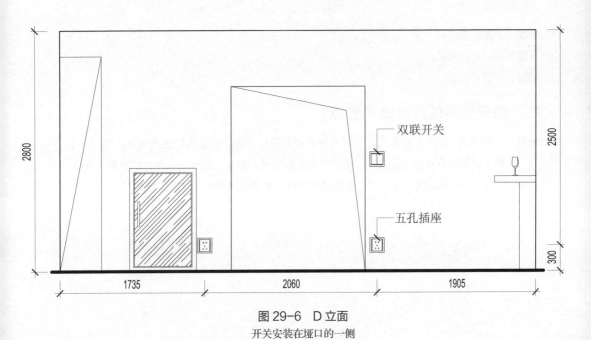

图 29-6　D 立面

开关安装在垭口的一侧

雪茄吧

一、电路安装位置及施工要点

1. 照明

开关： 开关应安装在距地 1300mm 的高度，灯光分路控制。

顶灯： 安装在房间居中位置，如果房间是异形空间结构，应安装在相对居中位置。

壁灯： 可以少量安装。

射灯： 不宜安装过多。

2. 强电

插座： 距地高度 300mm，要考虑加湿器。

空调： 上方预留一个空调插座，上漆前打空调孔。

3. 弱电

电视： 不建议安装。

背景音乐： 建议安装。

网络： 可以安装。

二、暖通安装位置及施工要点

暖气： 适宜用高 1800mm 的暖气，可以节省房间的使用宽度。确定水口进出方向，现代住宅暖气进出水方式是下进下出，老房子进出水方式一般是上进下出。单片供暖量 4.5m²，即房间面积除以 4.5 等于房间使用暖气片数，如果房间朝北，应适当增加。

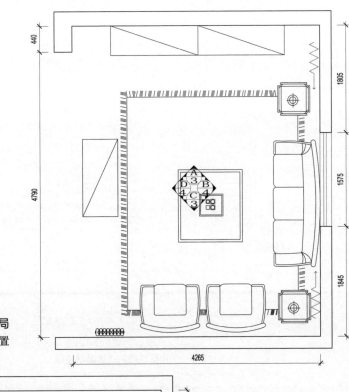

图 30-1 平面布局
沙发摆放在房间的相对居中位置

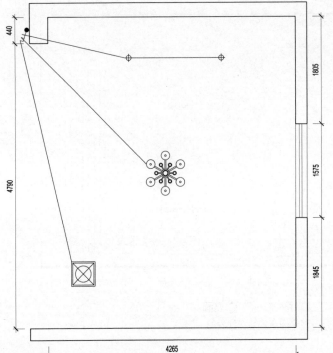

图 30-2 灯位布局
主灯放在房间的居中位置

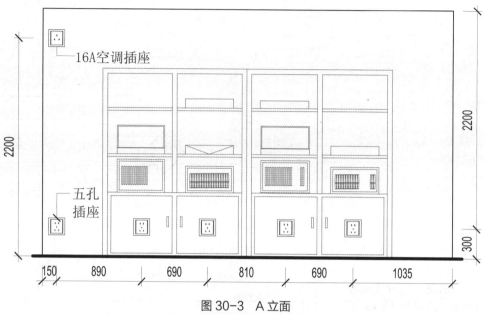

图30-3　A立面

预留备用插座加湿器使用

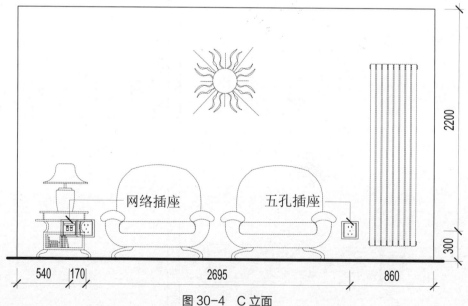

图30-4　C立面

网络插座安装在沙发的一侧

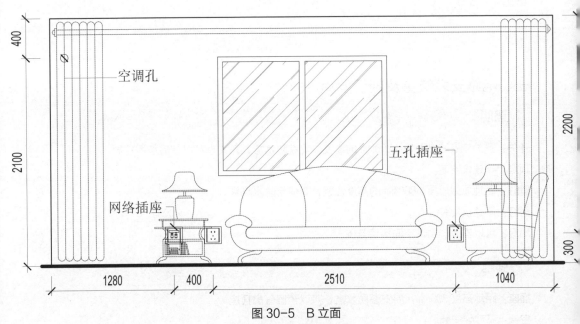

图 30-5　B 立面

网络插座安装在沙发的一侧

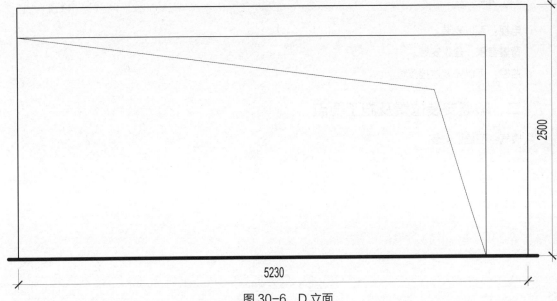

图 30-6　D 立面

一、电路安装位置及施工要点

1. 照明

开关： 开关应安装在距地 1300mm 的高度，安装防水盒，开关也可以使遥控器控制。

顶灯： 不建议安装。

壁灯： 距地面完成面 1800mm 的高度位置，要使用防水灯具。

射灯： 不建议安装。

地灯： 可以安装，制造空间情调氛围。

2. 强电

插座： 距地高度 300mm，要安装防水盒，可以预留壁扇插座。

空调： 不建议安装。

3. 弱电

电视： 可以安装。

背景音乐： 建议安装。

监控： 可以安装监控点位。

二、暖通安装位置及施工要点

暖气： 不建议安装。

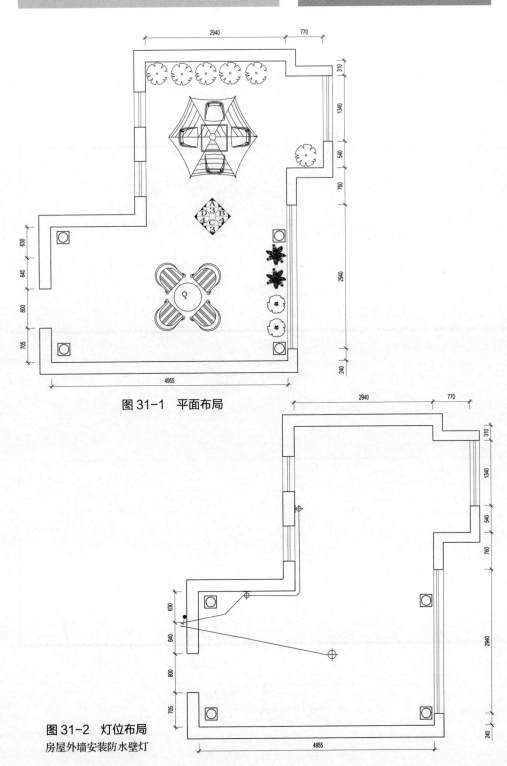

图 31-1　平面布局

图 31-2　灯位布局
房屋外墙安装防水壁灯

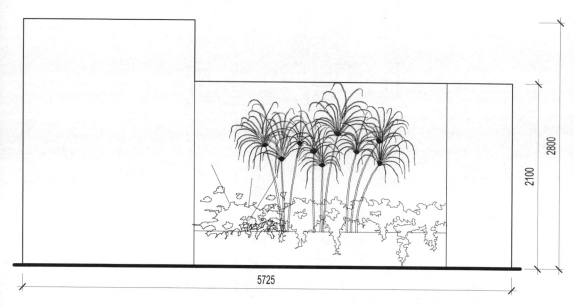

图 31-3　A 立面

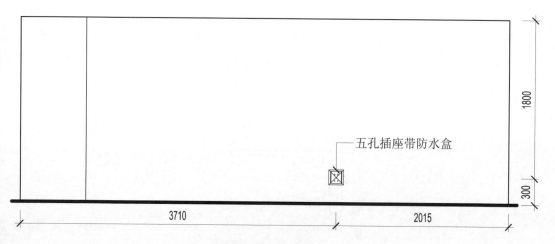

图 31-4　C 立面

房间外墙安装插座带防水盒

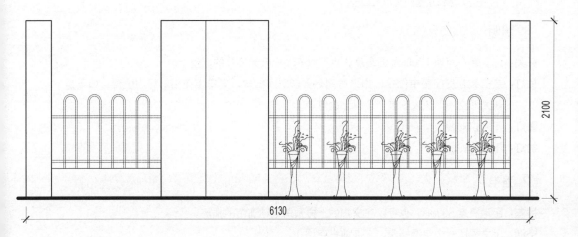

2100

6130

图 31-5　B 立面

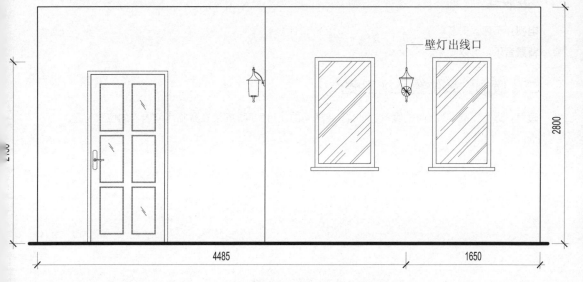

壁灯出线口

2800

4485　　　　1650

图 31-6　D 立面

一、电路安装位置及施工要点

1. 照明

开关： 应安装在距地 1300mm 的高度，也可以安装在阳光房外的墙壁上。

顶灯： 应安装在房间居中位置，如果房间是异形空间结构，应安装在相对居中位置；如果是长方形空间，建议安装 2 个以上的灯具。

壁灯： 不建议安装。

射灯： 不建议安装。

2. 强电

插座： 距地高度 300mm，也可以在窗户的上方预留电动窗帘的插座。

空调： 上方预留一个空调插座，上漆前打空调孔。

3. 弱电

电视： 不建议安装。

背景音乐： 可以安装。

二、暖通安装位置及施工要点

暖气： 适宜用高 1800mm 的暖气，可以节省房间的使用宽度。安装在紧临房间内墙的位置为宜。

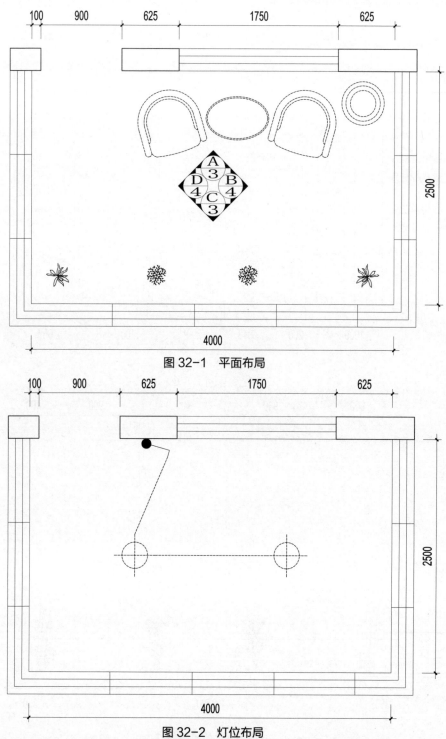

图 32-1　平面布局

图 32-2　灯位布局

主灯安装在房间的居中位置

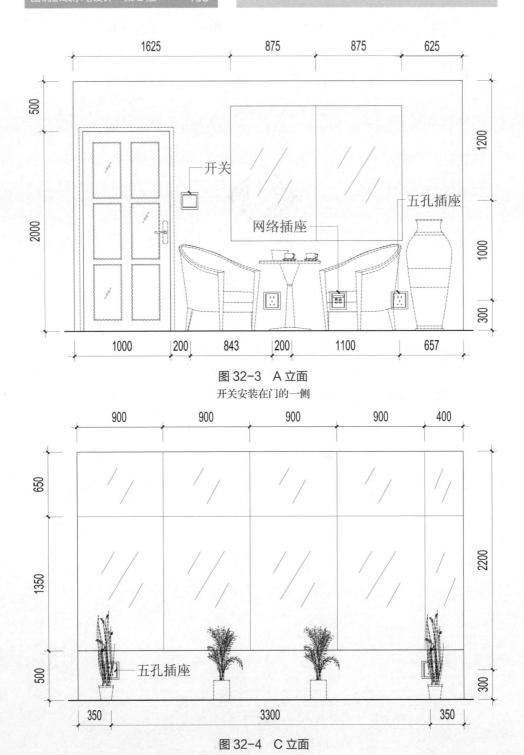

图 32-3　A 立面

开关安装在门的一侧

图 32-4　C 立面

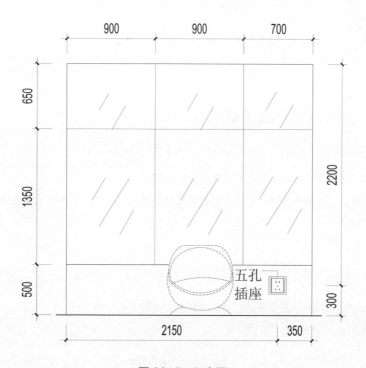

图 32-5　B 立面

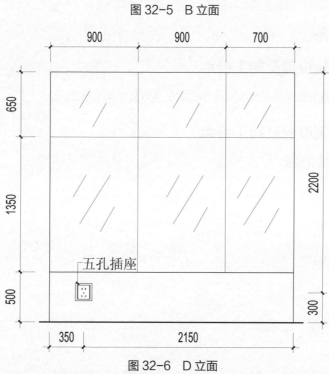

图 32-6　D 立面

一、电路安装位置及施工要点

1. 照明

开关： 应安装在距地 1300mm 的高度，要安装防水盒。

顶灯： 应安装在房间居中位置，如果房间是异形空间结构，应安装在相对居中位置。

壁灯： 不建议安装。

射灯： 不建议安装。

2. 强电

插座： 距地高度 300mm，要安装防水盒，预留自动灌溉设备插座。

空调： 可以安装。

3. 弱电

电视： 不建议安装。

二、水路安装位置及施工要点

水龙头： 出水口建议安装在距地 500mm 的位置，下方最好紧临地漏。

三、暖通安装位置及施工要点

暖气： 根据实际情况安装。

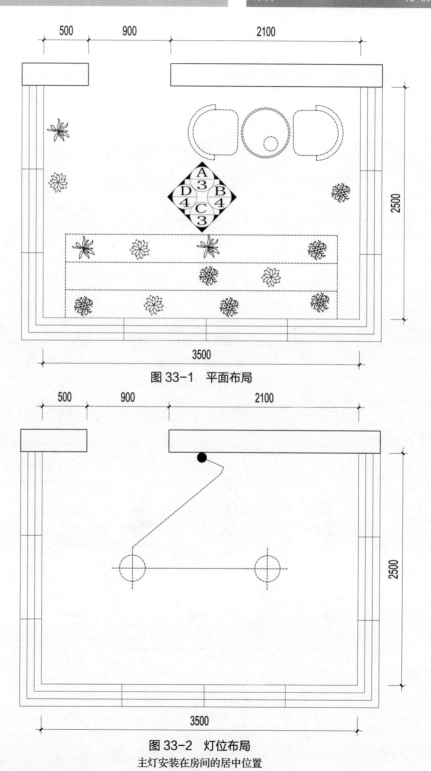

图 33-1　平面布局

图 33-2　灯位布局

主灯安装在房间的居中位置

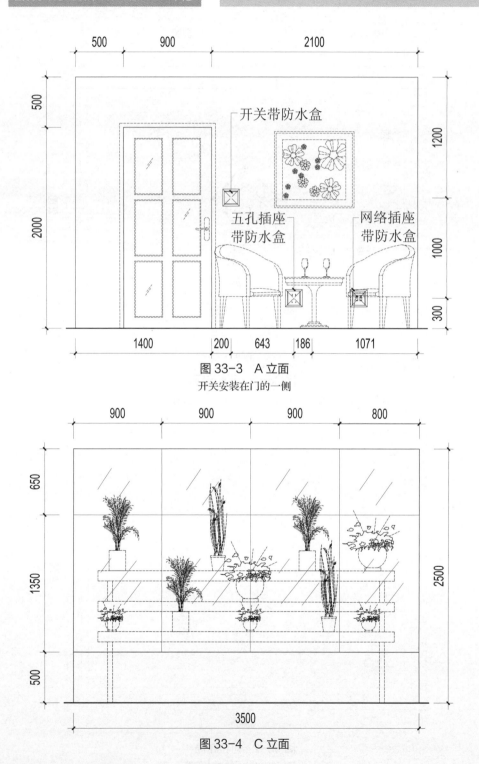

图33-3 A立面

开关安装在门的一侧

图33-4 C立面

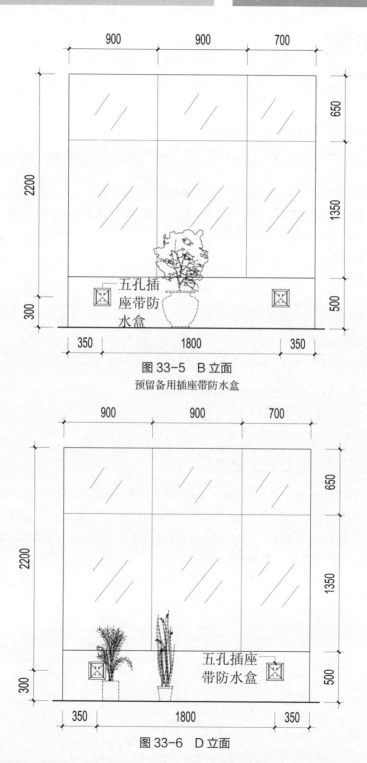

图 33-5　B 立面
预留备用插座带防水盒

图 33-6　D 立面

宠物房

一、电路安装位置及施工要点

1. 照明

开关：应安装在距地 1300mm 的高度，可选用调光开关。

顶灯：应安装在房间居中位置，如果房间是异形空间结构，顶灯应安装在相对居中位置。

壁灯：不建议安装。

射灯：不建议安装。

夜灯：建议安装。

2. 强电

插座：距地高度 300mm。

空调：可以安装。

3. 弱电

电视：可以安装。

二、暖通安装位置及施工要点

暖气：适宜用高 500mm 的暖气，可以节省房间的使用宽度。确定水口进出方向，现代住宅暖气进出水方式是下进下出，老房子进出水方式一般是上进下出。单片供暖量 1.3m²，即房间面积除以 1.3 等于房间使用暖气片数，如果房间朝北，应适当增加。暖气位置和宠物要保持一定距离，避免烫伤宠物。

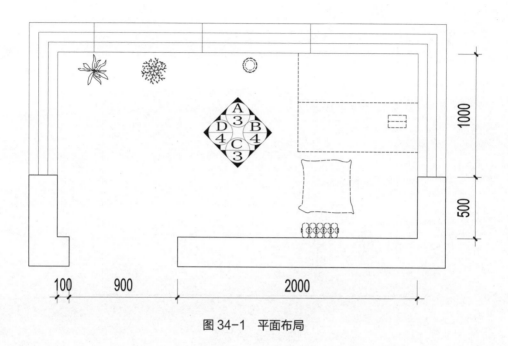

图 34-1 平面布局

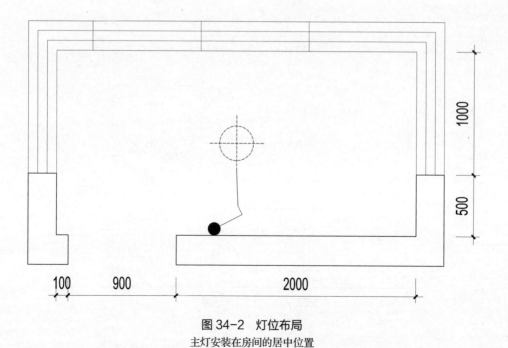

图 34-2 灯位布局

主灯安装在房间的居中位置

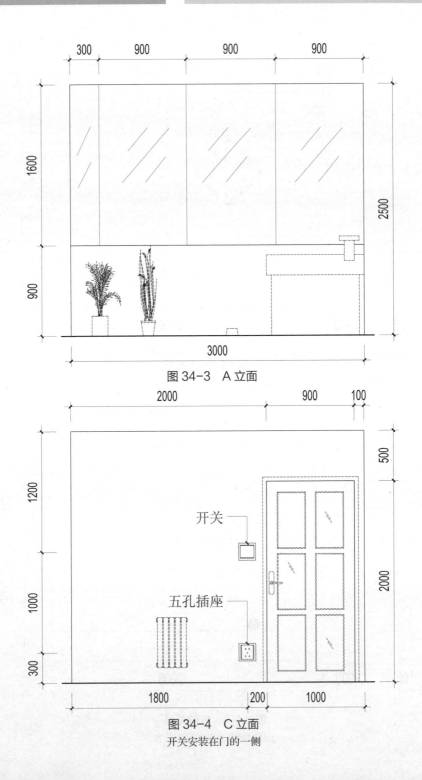

图 34-3　A 立面

图 34-4　C 立面

开关安装在门的一侧

1000 500

1600

2500

900

五孔
插座

1500

图34-5 B立面
插座上可以插一个小夜灯

500 1000

1600

2500

900

1500

图34-6 D立面

一、电路安装位置及施工要点

1. 照明

开关： 应安装在距地 1300mm 的高度，要安装防水盒，建议采用分路控制。

顶灯： 应在房间中均匀布局。

壁灯： 距地面完成面 1800mm 的高度位置。

射灯： 不建议安装。

2. 强电

插座： 距地高度 300mm，要安装防水盒，建议安装换气扇。

空调： 可以安装。

3. 弱电

电视： 可以安装。

背景音乐： 建议安装。

二、暖通安装位置及施工要点

暖气： 适宜用高 900mm 的暖气，可以节省房间的使用宽度。确定水口进出方向，现代住宅暖气进出水方式是下进下出，老房子进出水方式一般是上进下出。单片供暖量 3m²，即房间面积除以 3 等于房间使用暖气片数，如果房间朝北，应适当增加。建议安装在房间靠外墙的位置，其他墙面根据需求。

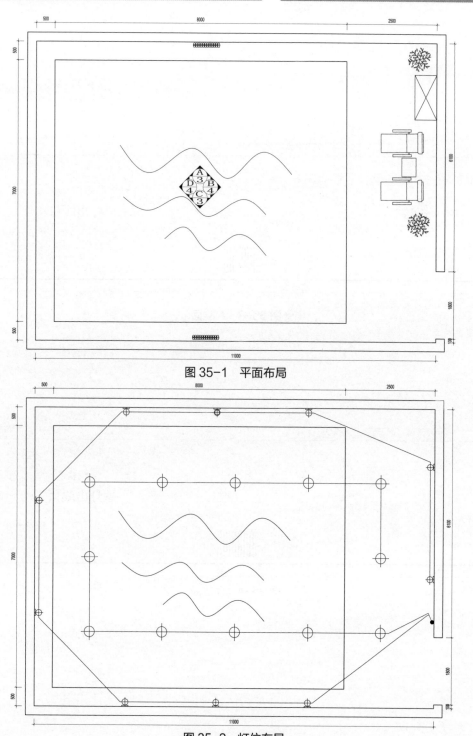

图 35-1 平面布局

图 35-2 灯位布局
防水筒灯安装在游泳室四周

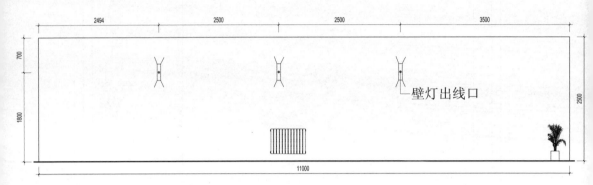

图 35-3　A 立面

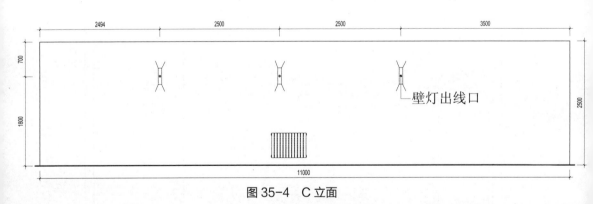

图 35-4　C 立面

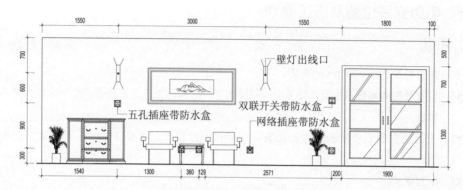

图 35-5　B 立面

开关安装在门的一侧，必须安装防水盒

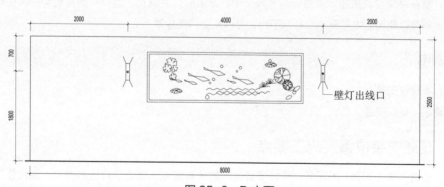

图 35-6　D 立面

室内高尔夫

一、电路安装位置及施工要点

1. 照明

开关： 应安装在距地 1300mm 的高度。

顶灯： 应安装在房间居中位置，如果房间是异形空间结构，顶灯应安装在沙发与电视的居中位置。

壁灯： 安装应先确定沙发的尺寸和位置，安装在距沙发外沿两侧 100mm、距地面完成面1800mm 的高度位置。

射灯： 不宜安装。

2. 强电

插座： 沙发两边的插座距离沙发外沿 100mm，距地高度 300mm，如果电器比较多，可选用十孔插座，这样避免墙面开洞过多而影响美观。预留投影机插座。

空调： 预留两个空调插座，上方一个下方一个。上漆前打空调孔，这样空调挂机和空调柜机都可以使用。如果有一个孔洞不用，可以用空调盖板罩上。

3. 弱电

电视： 不建议安装。

背景音乐： 建议安装。

二、暖通安装位置及施工要点

暖气： 适宜用高 1800mm 的暖气，可以节省房间的使用宽度。确定水口进出方向，现代住宅暖气进出水方式是下进下出，老房子进出水方式一般是上进下出。单片供暖量 4.5m^2，即房间面积除以 4.5 等于房间使用暖气片数，如果房间朝北，应适当增加。

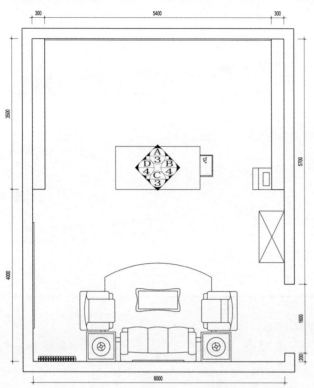

图 36-1　平面布局
沙发放在房间居中位置

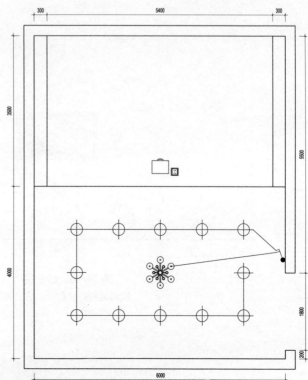

图 36-2　灯位布局
主灯安装在房间的居中位置

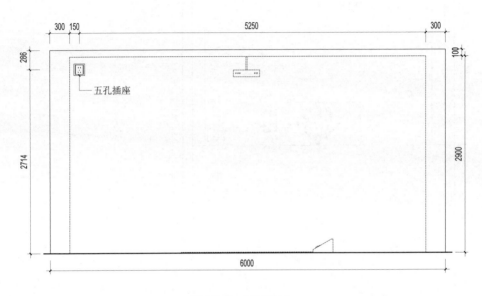

图 36-3　A 立面

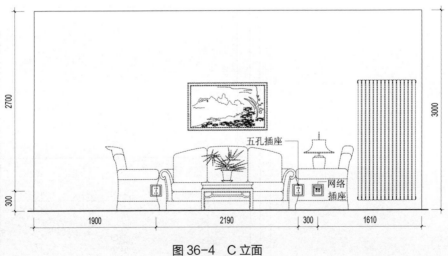

图 36-4　C 立面

网络插座安装在沙发的一侧

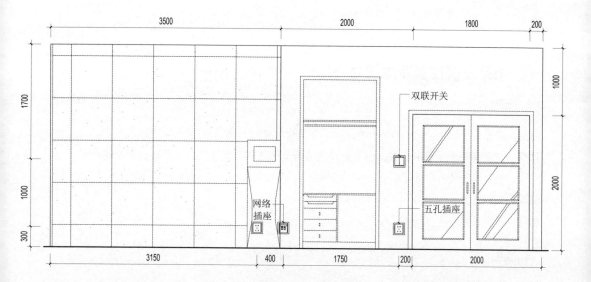

图 36-5　B 立面
开关安装在门的一侧

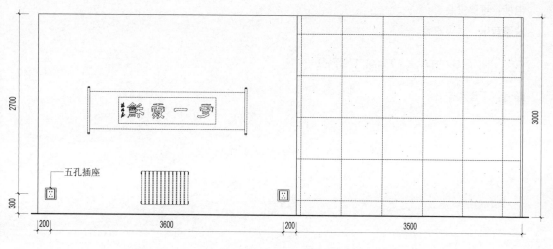

图 36-6　D 立面

桑拿房

一、电路安装位置及施工要点

1. 照明

开关： 应安装在门外距地 1300mm 的高度，要加防水盒。

顶灯： 应安装在房间居中位置，也可分开安装两个带防水功能的顶灯。如果是较小的房间，也可以安装一个壁灯即可。

壁灯： 可以安装。

射灯： 不建议安装。

2. 强电

插座： 预留加热设备的插座。

空调： 不建议安装。

3. 弱电

电视： 可以安装。

背景音乐： 建议安装。

二、暖通安装位置及施工要点

暖气： 不建议安装。

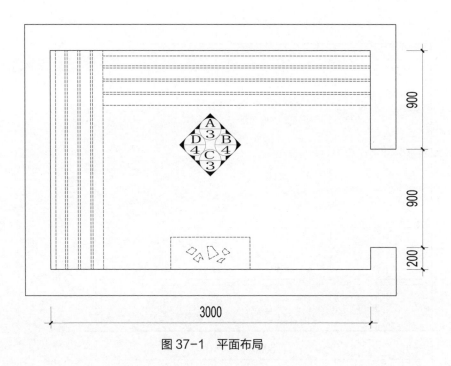

图 37-1　平面布局

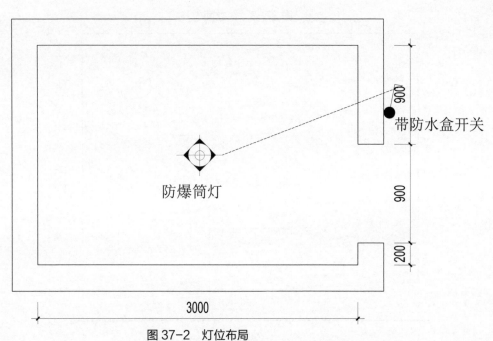

图 37-2　灯位布局

防爆筒灯摆在桑拿房居中位置

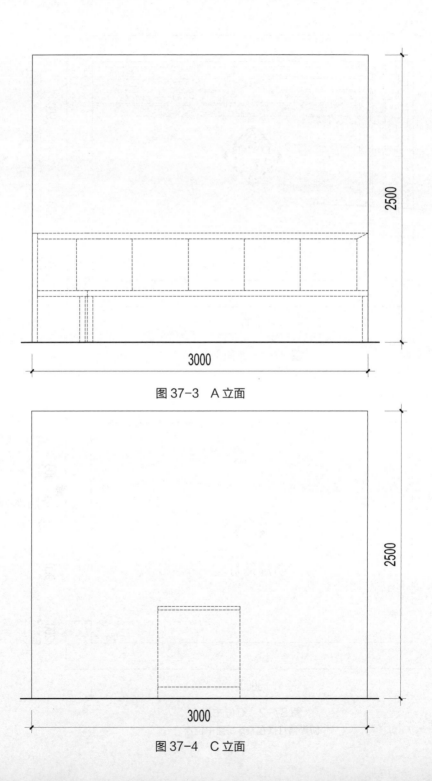

图 37-3　A 立面

图 37-4　C 立面

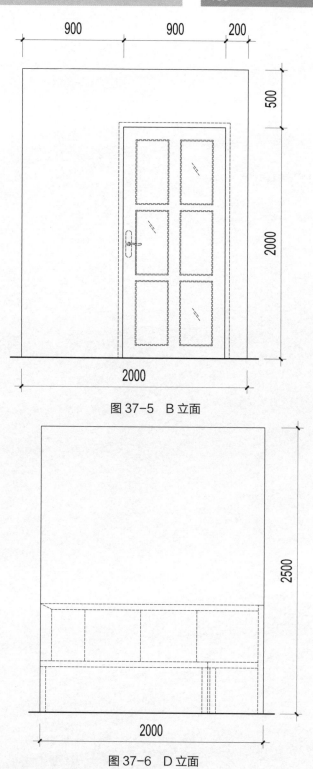

900　　　900　　200

500

2000

2000

图 37-5　B 立面

2500

2000

图 37-6　D 立面

第三部分

常用点位尺寸速查

冷热水口最佳高度

电热水器水口距地高度 1700~1800mm

燃气热水器水口距地高度 1300mm

上翻式洗衣机出水口 1250mm

上进水洗衣机出水口距地高度 1200 mm

太阳能水阀高度 1100mm

淋浴出水口距地高度 1100mm

台盆进水口距地高度 550mm

拖布池出水口距地高度 550 mm

柱盆出水口距地高度 500 mm

洗菜盆 500mm

浇花龙头 450mm

妇洗器 200~350mm

马桶出水口距地高度 200~350mm

浴缸出水口高度在浴缸上沿 200mm

灯具最佳高度

吸顶灯距地高度 2500mm

大吊灯最小距地高度 2400mm

内置筒灯按吊顶实际高度

射灯距地高度 2100mm

镜前灯距地高度 2100mm

楼梯灯距地高度 2000mm

落地灯距地高度 1800~2000mm

壁灯距地高度 1800mm

餐厅吊灯距地高度 1800mm

壁式床头灯高度 1400mm

台灯距离桌面高度 600mm

踢脚灯距离楼梯踏步台面高度 200mm

夜灯距地高度 200mm

电路开关插座最佳高度

吸油烟机插座距地 2150mm

挂壁空调插座距地高度 1900mm

挂式消毒柜 1900mm

微波炉插座距地 1800mm

壁扇插座距地 1500mm

可视对讲高度 1300mm

照明开关板底边距地 1300mm

洗衣机 1000~1250mm

厨房上下柜之间插座距地高度 950mm

蒸箱插座距地高度 900mm

卫生间紧急报警器在马桶侧墙 900mm

卫生间电话插座 900mm

床头柜双控开关距地高度 650~850mm

壁挂电视电源位距地高度 850mm

卧室紧急报警器在床头 800~1200mm

电源插座和弱电插座 300mm

冰箱插座距地 300mm

烤箱插座距地 300~800mm

空调柜机插座距地 300mm

床头柜上的插座在柜子上沿 150mm

卫生间五金配件安装最佳位置

晒衣绳距地 2000mm

浴帘挂钩距地 1800~2000mm

浴衣挂钩距地 1750mm

浴巾架距地 1700mm

干发器距地 1600mm

化妆镜底边距地 1500mm

干手机距地 1400mm

杯架距地 1050~1250mm

毛巾环距地 1200mm

墙壁式皂液器距地 1200mm

出纸器距地 750mm

纸巾盒距地 750mm

扶手距地 680mm

肥皂盒距地 680mm

马桶刷架距地 350mm

备注：所有尺寸根据实际需求定位，强弱电插座最好相距 500mm 以上为宜，厨房电器插座的高度依据柜体布局而定，其他采买设备根据实际高度及规范布置其点位高度。

附　录

平面图例

符号	名称	符号	名称
	单开		300×600灯
	双开		300×300灯
	三开		三合一浴霸
	四开		浴霸
	花灯		换气扇
	花灯		防爆筒灯
	壁灯出线口		喇叭
	音响出线口		冷水口
	壁灯		热水口
	筒灯		中水
	射灯		空调孔
	防水灯		窗帘
	灯带		索引符号
	豆胆灯		

立面图例

⬚	单开	⬚	一开五孔插座
⬚	双开	⬚	电视插座
⬚	三开	⬚	二位电视插座
⬚	四开	⬚	串接电视一分一插座
⬚	普通三孔10A插座	⬚	电话插座
⬚	一开10A三孔插座	⬚	计算机插座
⬚	四孔插座	⬚	网话插座
⬚	16A空调三孔插座	⬚	电视计算机插座
⬚	一开16A空调三孔插座	⬚	两头音响插座
⬚	五孔插座	⬚	四头音响插座
⬚	调光开关	⬚	复合多用五孔插座
⬚	声光控延时开关	⬚	开关防水盒
⬚	紧急报警	⬚	音响插座
⬚	十孔插座